新形态立体化精品系列教材

办公应用
立体化教程

WPS Office版 | 微课版

徐栋 韩妮娜 / 主编

王丽丽 盛兆显 厉雁羽 李鑫 / 副主编

人民邮电出版社
北 京

图书在版编目（ＣＩＰ）数据

办公应用立体化教程：WPS Office版：微课版 /
徐栋，韩妮娜主编. -- 北京：人民邮电出版社，2023.8
新形态立体化精品系列教材
ISBN 978-7-115-61473-5

Ⅰ.①办… Ⅱ.①徐… ②韩… Ⅲ.①办公自动化—
应用软件—教材 Ⅳ.①TP317.1

中国国家版本馆CIP数据核字(2023)第053193号

内 容 提 要

本书采用项目教学法介绍 WPS Office 的相关知识和操作方法。全书共 8 个项目，前 7 个项目分别为轻松制作日常办公类 WPS 文档、制作图文混排类 WPS 文档、高级编排和批量处理 WPS 文档、创建和管理 WPS 表格、计算和分析 WPS 表格中的数据、创建和设计 WPS 演示文稿、多媒体设计及放映和输出 WPS 演示文稿；项目八为制作公益广告策划方案的综合案例，有助于进一步提升学生对 WPS Office 的综合应用能力。

本书中每个项目都分为若干个任务，其中，前 7 个项目的任务主要由任务描述、相关知识和任务实施 3 个部分组成，项目八的任务主要由任务描述和任务实施 2 个部分组成。每个项目都安排了知识点的强化实训，并安排了课后练习。本书注重培养学生对 WPS Office 的实际应用能力，将职业场景引入课堂教学，让学生提前进入工作角色，达到学习的目的。

本书可以作为职业院校办公应用课程的相关教材，也可以作为教育培训机构的教学用书，还可供办公软件初学者参考学习。

◆ 主　　编　徐　栋　韩妮娜
　　副 主 编　王丽丽　盛兆显　厉雁羽　李　鑫
　　责任编辑　马小霞
　　责任印制　王　郁　焦志炜

◆ 人民邮电出版社出版发行　　北京市丰台区成寿寺路 11 号
　　邮编　100164　电子邮件　315@ptpress.com.cn
　　网址　https://www.ptpress.com.cn
　　北京市艺辉印刷有限公司印刷

◆ 开本：787×1092　1/16
　　印张：14.25　　　　　　　　2023 年 8 月第 1 版
　　字数：359 千字　　　　　　2023 年 8 月北京第 1 次印刷

定价：59.80 元

读者服务热线：(010)81055256　印装质量热线：(010)81055316
反盗版热线：(010)81055315
广告经营许可证：京东市监广登字 20170147 号

前　言 PREFACE

近年来职业教育课程不断改革，办公软件不断升级，教学方式不断发展，市场上很多教材已不再适应目前的教学需要。

鉴于此，我们认真总结了以往的教材编写经验，用了多年时间深入调研各地、各类院校的教材需求，组织了一批优秀的、具有丰富教学经验和实践经验的作者团队编写了本书，以帮助各类院校快速培养优秀的技能型人才。

本着"工学结合"的原则，本书在教学方法、教学内容、教材特色和教学资源 4 个方面体现出了自身的特色。

教学方法

本书精心设计"情景导入—任务讲解—实训—课后练习—技巧提升"5 段教学法，将职业场景引入课堂教学，激发学生的学习兴趣；并安排了任务和实训，实现"做中学，做中教"的教学理念；还设计了课后练习全方位地帮助学生提升专业技能，并有针对性地列举一些在日常办公中可用到的小技巧。

- **情景导入：**每个项目以日常办公场景展开，以主人公的实习情景引入教学主题，并贯穿于任务讲解的过程中，让学生了解相关知识点在实际工作中的应用情况。本书设置的主人公如下。

  米拉：职场新进人员，行政助理，昵称"小米"。

  洪钧威：资深行政人员，米拉的上司和职场引路人，人称"老洪"。

- **任务讲解：**以实践为主，强调应用。每个任务先指出要做什么样的实例，以及制作的思路和需要用到的知识点；然后介绍完成该实例必须掌握的基础知识；最后详细讲解任务的实施过程。另外，讲解过程中还会穿插"知识补充"小栏目，以补充正文中未讲解到的知识点。

- **实训：**结合任务讲解的内容和实际工作需要给出操作要求，提供适当的操作思路及步骤作为参考。

- **课后练习：**结合项目内容设计难度适中的课后练习，以帮助学生巩固所学知识。

- **技巧提升：**精选出学生在实际操作和学习中可能会遇到的问题，并对问题进行解答，让学生更加深入、全面地了解相关知识。

教学内容

本书的教学目标是帮助学生掌握 WPS Office 的应用方法，具体教学内容如下。

- **项目一~项目三：**主要讲解 WPS 文档的制作与编辑操作，以及高级编排和批量处理 WPS 文档等知识。

- **项目四、项目五：**主要讲解 WPS 表格的制作与编辑操作，以及计算和分析表格数据等相关知识。

- **项目六、项目七：**主要讲解 WPS 演示文稿的制作与编辑操作，以及多媒体设计、放映和输出演示文稿等相关知识。

- **项目八：**以公益广告策划方案为例，进行综合练习，巩固前面所学的知识。

教材特色

作者在编写本书过程中积极推动教学职场化和教材实践化，培养学生的职业能力。本书特色主要体现在以下 4 个方面。

- **立德树人：** 党的二十大报告指出"全面贯彻党的教育方针，落实立德树人根本任务，培养德智体美劳全面发展的社会主义建设者和接班人。"本书以专业课程的特点为依据，采取了项目式结构，不仅每个项目开头以"学习目标""素养目标"体现素质教育的核心点，还选取了大量包含中华传统文化、科学精神和爱国情怀等元素的任务案例，力求培养学生的家国情怀和责任担当意识，培养学生的专业精神、职业精神、工匠精神和创新意识。

- **校企合作：** 本书是作者与各大高校和企业合作的成果，由企业提供真实项目案例，由具有丰富教学经验的教师执笔，将理论与实践进行充分融合，很好地体现了职业教育的"做中学，做中教"的教学理念。

- **产教融合：** 本书以真实的职场办公人员的办公经历为依据，精选了大量真实的办公案例，以项目任务的方式展开理论与实践知识的介绍，力图提升学生的学习认知和学习热情，培养学生的职业素养与职业技能。

- **配备微课：** 本书是新形态立体化教材，针对每一个任务的操作都配有微课视频，教师可以通过计算机进行线上和线下的混合式教学。

 教学资源

本书配备了丰富的教学资源，包含书中实例涉及的素材与效果文件、各任务实施和实训的操作演示视频，以及 PPT 课件、教学教案和练习题库等内容。其中，练习题库含有丰富的 WPS Office 办公应用的相关试题，题型包括填空题、单项选择题、多项选择题、判断题和操作题等，教师可以自由组合题目，设计出不同的试卷对学生进行测试，以便顺利开展教学工作。

特别提醒：上述教学资源可在人邮教育社区（https://www.ryjiaoyu.com）搜索下载。

虽然作者在编写本书的过程中倾注了大量心血，但恐仍有疏漏，恳请广大读者不吝赐教。

作　者
2023 年 1 月

目 录 CONTENTS

项目六

创建和设计WPS演示文稿 …145

项目七

多媒体设计及放映和输出WPS演示文稿 170

项目八

综合案例——制作公益广告策划方案 190

项目一

轻松制作日常办公类WPS文档

情景导入

　　大学毕业后，米拉找到了一份行政助理岗位的实习工作，她的主要任务是配合老洪开展各项行政管理工作。

　　实习第一天，老洪就将米拉带到了她的工位上，并向米拉介绍了日常的一些工作内容及需要履行的工作职责。接着老洪告诉米拉，在处理行政工作时，经常需要用文档制作软件制作各种通知、制度、方案等办公文档，虽然市面上的文档制作软件较多，但公司统一使用的是WPS Office，以便于在公司内部传送、查看和编辑文档。

　　接下来，米拉便开启了她的实习之旅。为了能让米拉灵活使用WPS Office制作各类办公文档，老洪决定先让她熟悉WPS Office的工作界面，再了解其各项功能。

学习目标

- 能够规范设置文档格式
- 能够运用不同的操作方法编辑和设置文档
- 能够按照不同的页面需求合理布局文档页面

素养目标

- 激发学习WPS Office的兴趣
- 遵守文档制作的格式规范
- 养成良好的文档制作习惯

任务一　制作"会议通知"文档

公司下周有一个科研项目的研讨会议，于是老洪让米拉制作一份关于这次会议的通知，然后公示会议通知的内容，并通知各位参会人员。会议通知属于正式文档，既要求文档内容全面，又要求文档格式规范。本任务的参考效果如图1-1所示。

素材所在位置　素材文件\项目一\会议通知.txt
效果所在位置　效果文件\项目一\会议通知.wps

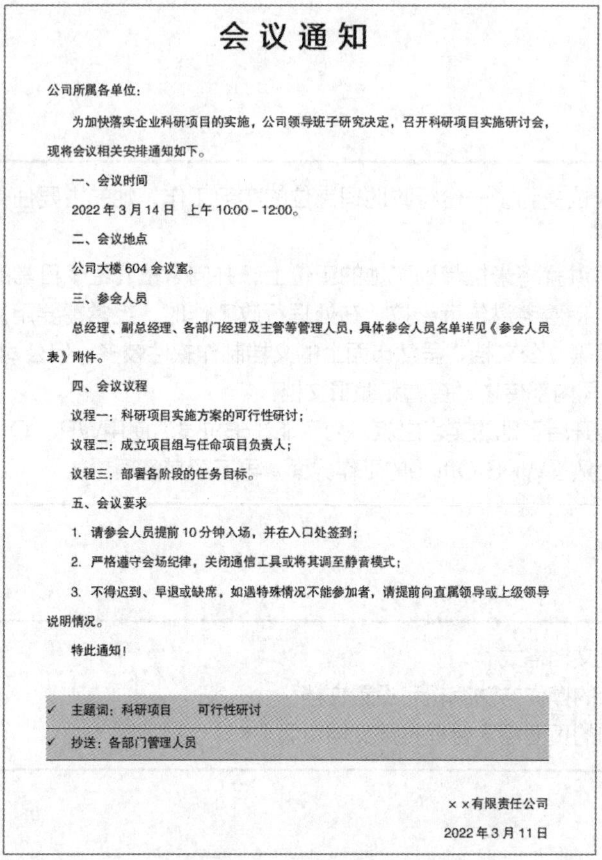

会 议 通 知

公司所属各单位：

为加快落实企业科研项目的实施，公司领导班子研究决定，召开科研项目实施研讨会，现将会议相关安排通知如下。

一、会议时间

2022 年 3 月 14 日　上午 10:00～12:00。

二、会议地点

公司大楼 604 会议室。

三、参会人员

总经理、副总经理、各部门经理及主管等管理人员，具体参会人员名单详见《参会人员表》附件。

四、会议议程

议程一：科研项目实施方案的可行性研讨；

议程二：成立项目组与任命项目负责人；

议程三：部署各阶段的任务目标。

五、会议要求

1. 请参会人员提前 10 分钟入场，并在入口处签到；

2. 严格遵守会场纪律，关闭通信工具或将其调至静音模式；

3. 不得迟到、早退或缺席，如遇特殊情况不能参加者，请提前向直属领导或上级领导说明情况。

特此通知！

✓ 主题词：科研项目　　可行性研讨	
✓ 抄送：各部门管理人员	

××有限责任公司

2022 年 3 月 11 日

图1-1　"会议通知"文档

一、任务描述

（一）任务背景

会议通知是单位之间部署工作、传达事件或召开会议等所使用的一种应用文，是日常工作中的常用文档。会议通知文档主要包括会议内容、会议时间、会议地点、参会人员、会议议程和会议要求等内容，并且要求文档内容简洁明了、文档格式规范。本任务将创建"会议通知"文档，并对文档的字体、段落、项目符号、编号、边框和底纹等格式进行设置，使文档的整体效果更加规范。

（二）任务目标

（1）能够新建文档，并将文档保存为需要的格式。

（2）能够在文档中输入需要的文本、符号、日期和时间等内容。

（3）能够根据需要对文档字体格式、段落格式等进行设置。

（4）能够为文档段落添加项目符号、编号、边框和底纹等。

二、相关知识

WPS Office是一款专门用于制作各类办公文档的软件。新建WPS文档，可以进入WPS文字的操作界面，从而进行文字的输入与编辑操作。

（一）认识和自定义WPS文字的操作界面

WPS文字的操作界面由多个部分组成，且各部分内容并不固定，用户可以根据个人使用习惯自定义WPS文字的操作界面。

1. 认识WPS文字的操作界面

在计算机桌面上双击WPS Office的快捷图标 ，打开WPS Office首页，执行新建WPS文档操作，进入WPS文字的操作界面，如图1-2所示。WPS文字的操作界面主要由标题栏、"文件"命令、快速访问工具栏、选项卡、功能区、文档编辑区、状态栏和任务窗格等部分组成，各组成部分的作用如下。

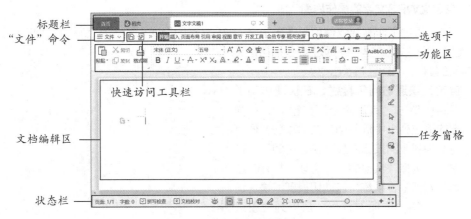

图1-2　WPS文字的操作界面

- **标题栏：** 从左到右依次是"首页"选项卡、"稻壳"选项卡和文档区。其中，"首页"选项卡用于管理所有的文档或文件夹，包括最近打开的文档、计算机中的文档、云文档、回收站等；"稻壳"选项卡用于提供制作文档时需要的模板、文字、图片、海报等素材；文档区用于查看已经打开的文档。另外，文档区右侧是登录入口和窗口控制按钮，可以用于登录WPS Office账户，以及执行最小化、最大化和关闭窗口等操作。
- **"文件"命令：** 用于执行新建、打开、保存、打印和输出等各种文档操作。
- **快速访问工具栏：** 用于放置常用的操作按钮，如保存、输出为PDF、打印、打印预览、撤消和恢复等。
- **选项卡：** 包括"开始""插入""页面布局""引用""审阅""视图""章节""开发工具""会员专享""稻壳资源"等选项卡。

- **功能区：**用于显示各选项卡对应的操作按钮，单击不同的选项卡，可在功能区中执行相应的编辑操作。
- **文档编辑区：**用于输入、编辑、修改和排版文档。
- **状态栏：**左侧显示了文档的页面、字数，并且用户可在此开启或关闭"拼写检查"和"文档校对"功能；右侧显示了文档的多个视图模式按钮和视图显示比例调整工具，单击相应的视图模式按钮，可快速切换到对应的视图模式。
- **任务窗格：**用于显示不同导航窗格的快捷按钮，单击相应的按钮，可打开对应的导航窗格；另外还可根据需要调整任务窗格的位置及隐藏任务窗格。

知识补充

WPS Office账号

启动 WPS Office 并新建文档后，系统将默认以访客身份登录，此时用户可以在标题栏右侧单击 [访客登录] 按钮，打开"WPS账号登录"对话框，在其中选择手机号登录、微信登录、WPS 扫码等登录方式，这样便于在其他计算机中也能打开和编辑自己 WPS Office 账号中的文档。另外，WPS Office 中的部分特色功能需要WPS Office 会员或超级会员才能使用。本书后续所有的操作界面截图均为使用微信登录之后的界面，读者可以视情况选择是否登录。

2. 自定义WPS文字的操作界面

用户可以根据工作需要或使用习惯自定义WPS文字的操作界面，从而使得各项操作更加方便。自定义WPS文字的操作界面主要包括自定义快速访问工具栏、功能区和状态栏。

- **自定义快速访问工具栏：**在快速访问工具栏中单击"其他命令"按钮 》，在弹出的下拉列表中选择相应的选项后，便可将选项对应的按钮添加到快速访问工具栏中；或选择"其他命令"选项，打开"选项"对话框，系统将自动切换到"快速访问工具栏"选项卡，在"从下列位置选择命令"列表框中选择某个选项后，单击 [添加(A) >>] 按钮，该选项将自动添加到"当前显示的选项"列表框中，然后单击 [确定] 按钮即可，如图1-3所示。

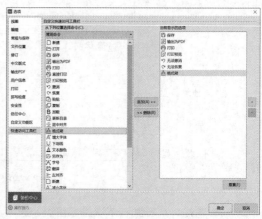

图1-3　自定义快速访问工具栏

- **自定义功能区：**单击 ≡ 文件 按钮，在弹出的下拉列表中选择"选项"命令，打开"选项"对话框，单击"自定义功能区"选项卡，在右侧的"自定义功能区"列表框中取消选中某个选项卡对应的复选框后，操作界面中将不再显示该选项卡及选项卡对应的功能区。另外，用户也可以根据实际需要自定义功能区，单击 [新建选项卡(W)] 按钮，系统将在当前所选选项卡的下方新建一个选项卡，并在其下默认新建一个组，然后单击 [重命名(M)...] 按钮，对新建的选项卡或组命名，接着在"从下列位置选择命令"列表框中选择相应的选项，单击 [添加(A) >>] 按钮，将该选项添加到所选组中，最后单击 [确定] 按钮，如图1-4所示，即可将新建的选项卡添加到WPS文字的操作界面中。

- **自定义状态栏：** 在状态栏的空白区域处单击鼠标右键，在弹出的快捷菜单中选择或取消选择某个相应的命令，即可自定义状态栏中显示的内容。

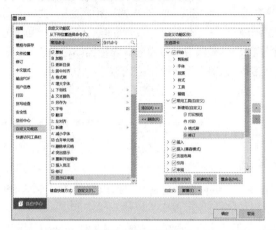

图1-4　自定义功能区

（二）设置字体格式和段落格式

在WPS文字中，用户可以通过"开始"选项卡、对话框和浮动工具栏来设置字体格式和段落格式，设置方法介绍如下。

- **通过"开始"选项卡设置：** 选择文档中需要设置格式的文本或段落，在"开始"选项卡的"字体"组中可对字体、字号、加粗、倾斜、下画线、上标、下标、文字效果、突出显示、字体颜色和字符底纹等字体格式进行设置，在"段落"组中可对对齐方式、边框、底纹、项目符号、编号和行距等段落格式进行设置。
- **通过对话框设置：** 选择文档中需要设置格式的文本或段落，单击鼠标右键，在弹出的快捷菜单中选择"字体"命令或"段落"命令，打开"字体"对话框或"段落"对话框，在其中可对相应的格式进行设置，完成后单击 确定 按钮。
- **通过浮动工具栏设置：** 选择文档中需要设置格式的文本或段落后，在出现的浮动工具栏中可对字体、字号、加粗、倾斜、增大字号、减小字号、下画线、突出显示、字体颜色、对齐方式和行距等字体格式和段落格式进行设置。

（三）认识"文字排版"工具

WPS文字提供的"文字排版"工具可用于快速按照指定的方式智能排版文档，极大地提高了用户工作效率。在"开始"选项卡中单击"文字排版"按钮，弹出的下拉列表中提供了以下几种文字排版功能。

- **段落重排：** 将选择的段落恢复成最初的无格式状态，方便用户重新排版。
- **智能格式整理：** 快速完成基础的排版工作，如使文档自动首行缩进、删除段首空格、删除空段和网页中不可见的其他格式、符号等。
- **转为空段分割风格：** 选择的段落将以回车符为段落分割标志，在段落之间添加空行作为段落分隔。
- **删除：** 可根据需要选择并删除文档中的空段、段首空格、空格、换行符和空白页等。
- **批量删除工具：** 可批量删除文档中的空白内容（如空格、空段、段首空格和空白页等）、分隔符（如分页符、分栏符、换行符和分节符等）、文字格式（如加粗、斜体、下画线、删除线、上下标、字体颜色、超链接属性、批注和文字效果等）、对象（如形状、图片、图表、附件和OLE控件等）。该功能只有WPS会员才能使用。

- **批量汇总表格：** 将文档中所有格式相同的表格按照一定的分类进行汇总。
- **换行符（↓）转为回车符(↵)：** 将文档中的换行符批量转换成回车符。
- **段落首行缩进2个字符：** 将文档中所有段落的首行自动缩进2个字符。
- **段落首行缩进转为空格：** 将段落首行缩进的字符转换为空格。
- **增加空段：** 自动在文档每个段落的后面增加一个空白段落。

三、任务实施

（一）新建并保存文档

启动WPS Office后，系统不会自动创建文档，所以要制作"会议通知"文档，需要新建空白文档，并对其进行保存操作。具体操作如下。

（1）启动WPS Office，在打开的"首页"界面左侧单击"新建"按钮⊕。

（2）在打开的"新建"界面上方单击"文字"选项卡，在下方单击"新建空白文字"选项，如图1-5所示。

（3）系统将新建一个名为"文字文稿1"的空白文档，然后单击快速访问工具栏中的"保存"按钮🖫。

（4）打开"另存文件"对话框，在"位置"下拉列表框中选择文档的保存位置，在"文件名"下拉列表框中输入"会议通知"文本，在"文件类型"下拉列表框中选择"WPS文字 文件(*.wps)"选项，然后单击 保存(S) 按钮，如图1-6所示。

微课视频
新建并保存文档

图1-5　单击"新建空白文字"按钮

图1-6　保存文档设置

知识补充　　　　　　　　　**另存为文档**

如果想将已经保存的文档以其他名称保存在计算机的其他位置，则需要单击☰文件按钮，在弹出的下拉列表中选择"另存为"命令，打开"另存文件"对话框，重新设置保存位置或保存名称。

（二）输入并编辑文档内容

新建并保存"会议通知"文档后，就可以在其中输入文字、符号等内容，并根据需要对内容进行修改、查找和替换。具体操作如下。

（1）在文本插入点处输入"会议通知.txt"文本文档中的内容，拖曳鼠标选择"10:00

微课视频

输入并编辑
文档内容

12:00"文本中的空格,单击"插入"选项卡中的"符号"按钮Ω的下拉按钮,在弹出的下拉列表中选择"其他符号"选项,如图1-7所示。

(2)打开"符号"对话框,在"字体"下拉列表框中选择"(普通文本)"选项,在"子集"下拉列表框中选择"半角及全角字符"选项,在下方的列表框中选择"-"选项,单击"插入"按钮,如图1-8所示。

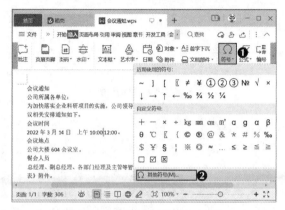

图1-7 选择"其他符号"选项

图1-8 插入符号

(3)将文本插入点定位到"××有限责任公司"文本的下一行,单击"插入"选项卡中的"日期"按钮,打开"日期和时间"对话框,在"可用格式"列表框中选择"2022年3月11日"选项,单击 确定 按钮,如图1-9所示。

(4)单击"开始"选项卡中"查找替换"按钮下方的下拉按钮,在弹出的下拉列表中选择"替换"选项,如图1-10所示。

图1-9 选择日期格式

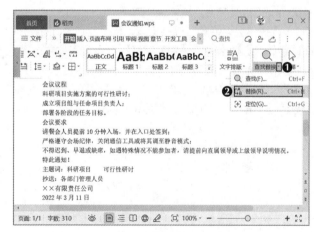

图1-10 选择"替换"选项

(5)打开"查找和替换"对话框,在"替换"选项卡的"查找内容"下拉列表框中输入"餐会"文本,在"替换为"下拉列表框中输入替换的正确内容"参会"文本,然后单击 查找下一处(F) 按钮(系统将从文档开头开始查找,并将查找出来的第一处文本以灰色底纹突出显示),接着单击 替换(R) 按钮,如图1-11所示。

(6)继续单击 查找下一处(F) 按钮和 替换(R) 按钮进行查找和替换。替换完成后,在打开的对话框中单击 确定 按钮,即可查看替换后的文档效果,如图1-12所示。

图1-11 查找和替换内容

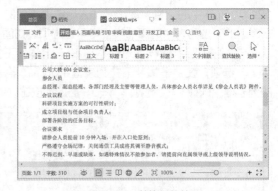

图1-12 替换后的效果

知识补充 　　　　　　　　　**查找和替换格式**

　　将文本插入点定位到"替换"选项卡的"查找内容"下拉列表框中，单击 格式(O) · 按钮，在弹出的下拉列表中选择"字体"或"段落"选项，打开"查找字体"或"查找段落"对话框，在其中设置要查找的字体格式或段落格式后，单击 确定 按钮，返回"查找和替换"对话框，然后使用相同的方法设置要替换的字体格式或段落格式，接着执行查找和替换操作，即可对指定的格式进行查找和替换。

（三）设置字体格式

　　"会议通知"文档的文字输入完毕，可以设置文字的字体格式，以突出标题以及文档中的重要内容。具体操作如下。

微课视频
设置字体格式

　　（1）选择"会议通知"标题文本，按【Ctrl+D】组合键打开"字体"对话框，在"字体"选项卡中的"中文字体"下拉列表框中选择"方正兰亭黑简体"选项，在"字形"列表框中选择"加粗"选项，在"字号"列表框中选择"小一"选项，如图1-13所示。

　　（2）单击"字符间距"选项卡，在"间距"下拉列表框中选择"加宽"选项，在其右侧的"值"数值框中输入"0.15"，然后单击 确定 按钮，如图1-14所示。

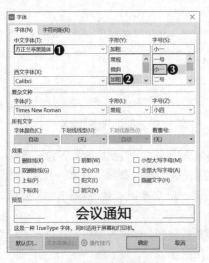

图1-13 设置字体格式

图1-14 设置字符间距

（3）拖曳鼠标指针选择除标题文本外的所有文本，在"开始"选项卡中将其字体格式设置为"方正黑体简体"，完成字体格式的设置。

（四）使用"文字排版"工具排版

一般文档的段落首行需要设置缩进，"会议通知"文档也不例外。在WPS文字中可以使用"文字排版"工具自动将文档的所有段落或所选段落缩进2个字符，还可根据需要增加空行。具体操作如下。

微课视频
使用"文字排版"
工具智能排版文档

（1）选择第二段至落款前的所有文本，单击"开始"选项卡中的"文字排版"按钮，在弹出的下拉列表中选择"智能格式整理"选项，如图1-15所示。

（2）选择"特此通知！"文本所在的段落，单击"开始"选项卡中的"文字排版"按钮，在弹出的下拉列表中选择"增加空段"选项。

（3）使用相同的方法在"抄送：各部门管理人员"段落后面增加一个空白行，如图1-16所示。

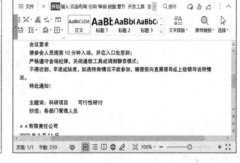

图1-15 选择"智能格式整理"选项　　　　图1-16 智能排版文档后的效果

（五）设置段落格式

为了规范"会议通知"文档格式，还需要对段落的对齐方式、间距等进行设置。具体操作如下。

微课视频
设置段落格式

（1）选择标题"会议通知"文本，单击"开始"选项卡中"段落"按钮，如图1-17所示。

（2）打开"段落"对话框，在"缩进和间距"选项卡中"常规"栏中的"对齐方式"下拉列表框中选择"居中对齐"选项，在"间距"栏中的"段前"和"段后"数值框中均输入"0.5"，然后单击 确定 按钮，如图1-18所示。

知识补充　　　　　　　　　　　　**设置悬挂缩进**

悬挂缩进是指段落的首行保持不变，其他行进行缩进，其缩进值可根据实际情况进行设定。设置悬挂缩进的方法为：打开"段落"对话框，在"缩进和间距"选项卡的"特殊格式"下拉列表中选择"悬挂缩进"选项，在其右侧的"度量值"数值框中输入缩进值，然后单击 确定 按钮。

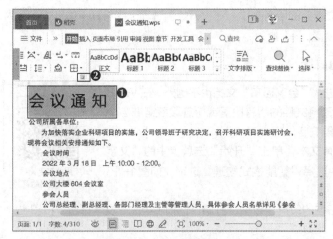

图 1-17　单击"段落"按钮　　　　　　　　　　　图 1-18　设置段落格式

（3）选择落款文本，单击"开始"选项卡中的"右对齐"按钮≡，使落款居于页面右侧对齐。

（4）选择除标题外的所有文本，单击"开始"选项卡中的"行距"按钮‡≡，在弹出的下拉列表中选择"1.5"选项，如图1-19所示。

（5）所选文本的行距将变为"1.5"，效果如图1-20所示。

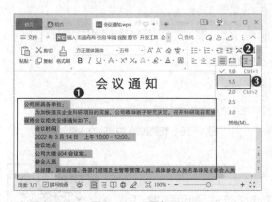

图 1-19　设置行距

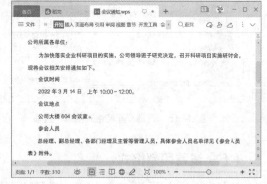

图 1-20　设置行距后的效果

（六）添加项目符号和编号

为了使"会议通知"文档的结构更加清晰、有条理，重点内容更突出，还需要为文本添加合理的项目符号和编号。具体操作如下。

微课视频
添加项目符号
和编号

（1）选择"主题词……"和"抄送……"两段文本，单击"开始"选项卡中"项目符号"按钮∷右侧的下拉按钮▾，在弹出的下拉列表中选择"项目符号"栏中的"选中标记项目符号"选项，如图1-21所示。

（2）按住【Ctrl】键，拖曳鼠标指针同时选择"会议时间""会议地点""参会人员""会议议程""会议要求"文本，单击"开始"选项卡中的"加粗"按钮**B**，再单击"开始"选项卡中"编号"按钮‡≡右侧的下拉按钮▾，在弹出的下拉列表中选择"编号"栏中的"一、二、三……"编号样式，如图1-22所示。

图 1-21　选择项目符号样式

图 1-22　选择需要的编号样式

知识补充　　　　　　　　　　**添加稻壳项目符号**

在为文档添加项目符号时，可在"项目符号"下拉列表的"稻壳项目符号"栏中选择稻壳提供的商务、可爱、简约、实物等类型的项目符号。

（3）选择"会议议程"文本下方的3段文本，单击"编号"按钮 右侧的下拉按钮 ，在弹出的下拉列表中选择"自定义编号"选项，打开"项目符号和编号"对话框。单击"编号"选项卡，在其中选择"一、二、三……"编号样式，然后单击 自定义(T)... 按钮，如图1-23所示。

（4）打开"自定义编号列表"对话框，在"编号格式"文本框中的编号文本前输入"议程"文本，在编号后输入"："符号，然后单击 确定 按钮，如图1-24所示，为所选段落添加自定义的编号。

（5）选择"会议要求"段落下方的3段文本，单击"编号"按钮 右侧的下拉按钮 ，在弹出的下拉列表中选择"1.2.3……"编号样式。

图 1-23　"项目符号和编号"对话框

图 1-24　自定义编号格式

知识补充　　　　　　　　　　**自定义项目符号**

在"项目符号和编号"对话框中单击"项目符号"选项卡，在其中选择任意一种项目符号后，单击 自定义(M)... 按钮，打开"自定义项目符号列表"对话框，单击 字符(C)... 按钮，在打开的"符号"对话框中可将选择的符号作为项目符号。

（七）添加边框和底纹

对于"会议通知"文档最后的"主题词"和"抄送"段落文本，可以通过添加边框和底纹的方式突出显示。具体操作如下。

微课视频
添加边框和底纹

（1）选择"主题词"和"抄送"文本所在的段落，单击"开始"选项卡中"边框"按钮田右侧的下拉按钮▾，在弹出的下拉列表中选择"边框和底纹"选项，如图1-25所示。

（2）打开"边框和底纹"对话框，单击"边框"选项卡，在"设置"栏中选择"自定义"选项，在"线型"列表框中选择所需的选项，在"颜色"下拉列表框中选择"白色，背景1，深色25%"选项，然后单击▦和▦按钮，如图1-26所示。

图1-25　选择"边框和底纹"选项

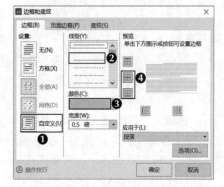

图1-26　自定义边框

知识补充　　　　　　　　　**设置边框与文本的距离**

在"边框和底纹"对话框的"边框"选项卡中单击 选项(O)... 按钮，打开"边框和底纹选项"对话框，在"距正文"栏中的"上""下""左""右"数值框中输入距离值后，单击 确定 按钮，即可设置边框与文本的距离。

（3）单击"底纹"选项卡，在"填充"下拉列表框中选择"白色，背景1，深色5%"选项，然后单击 确定 按钮，如图1-27所示。

（4）返回文档后，可查看添加边框和底纹后的效果，如图1-28所示。

图1-27　添加底纹

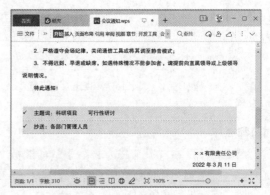

图1-28　添加边框和底纹后的效果

知识补充   **使用格式刷快速复制格式**

在设置文档格式时，如果需要为文档中的其他文本应用已经设置好的格式，则可使用格式刷复制该格式，并将其应用到其他文本或段落中。使用格式刷快速复制格式的方法为：选择已经设置好格式的文本或段落，单击"开始"选项卡中的"格式刷"按钮，此时鼠标指针将变成图标形状，然后选择需要应用格式的文本或段落。需要注意的是单击"格式刷"按钮，则只能应用一次复制的格式，如果双击则可多次应用。

任务二　制作"垃圾分类手抄报"文档

由于公司员工人数比较多，每天都会产生大量的垃圾，于是米拉决定制作一个关于垃圾分类的手抄报，这样可以让员工知道各类垃圾的分类，并按照分类正确丢放垃圾，从而提高垃圾的回收利用率。米拉在网上搜索了一些手抄报的相关知识后，才知道手抄报属于非正式文档，所以其排版布局可以比较灵活，整体也较为美观。本任务的参考效果如图 1-29 所示。

素材所在位置　素材文件\项目一\垃圾分类知识.wps、背景.png
效果所在位置　效果文件\项目一\垃圾分类手抄报.wps

图 1-29　"垃圾分类手抄报"文档

一、任务描述

（一）任务背景

随着人们消费水平的大幅提升，环境问题也日益突出，而实施生活垃圾分类可以减少环境污染，改善生活环境，促进资源回收利用和加快"两型社会"建设。因此，国家出台了垃圾分类的相关政策，以加快垃圾分类的全面实施。另外，为了加强人们的垃圾分类意识，电梯、公示栏、地铁和公交站牌等地点，均有较多的垃圾分类海报和广告语，以潜移默化地培养人们垃圾分类的习惯。本任务将制作"垃圾分类手抄报"文档，并对文档的页面布局、页面背景及页面排版等进行设置，要求文档配色和背景都符合主题，且文档的视觉效果要具有冲击力。

（二）任务目标

（1）能够根据需要设置页面大小、页边距和页面方向。
（2）能够为文档页面添加合适的边框和背景。
（3）能够将其他文档中的内容直接插入当前文档中，并对其进行分栏排版操作。
（4）能够根据需要采用不同的模式查看或阅读文档。

二、相关知识

制作和编辑"垃圾分类手抄报"文档，需要认识并掌握文档页面布局的相关知识。另外，在制作过程中还可以同时打开多个文档窗口进行操作，以提高操作效率。

（一）页面的视图模式

WPS文字提供了全屏显示、阅读版式、写作模式、页面视图、大纲视图、Web版式和护眼模式等7种视图模式，用户可根据需要选择合适的模式来阅读文档。

- **全屏显示：**全屏显示文档，操作界面中只显示标题栏和文档编辑区，多用于演示汇报等场景。
- **阅读版式：**自动布局文档内容，轻松翻阅文档。此模式下，还可以使用目录导航、突出显示强调的区域等功能，但不允许对文档进行编辑。
- **写作模式：**有素材推荐、文档校对、公文工具箱、文学工具箱等多项功能，可以帮助用户更好地编写出正确规范的文档。
- **页面视图：**WPS文字默认的视图模式，可以显示文档的所有内容，包括页眉、页脚、图形对象、分栏设置、页面边距等元素，是最接近打印效果的视图模式。
- **大纲视图：**可以用于迅速了解文档的结构和内容梗概，从而调整文档结构，以及更新目录。
- **Web版式：**通过网页的形式显示文档内容，但不显示页码和章节序号等信息，并且超链接会显示为带下画线的文本。
- **护眼模式：**界面为浅绿色，有助于用户缓解疲劳、保护眼睛，且能与全屏显示、阅读版式、写作模式、页面视图、大纲视图和Web版式等模式同时使用。

（二）管理文档窗口

当用户需要同时操作打开的多个文档时，就需要对文档窗口进行管理。在WPS文字中，管理文档窗口主要是对文档进行新建、拆分和重排等操作。

- **新建窗口：**单击"视图"选项卡中的"新建窗口"按钮，系统将为当前文档新建一个序号为":2"的窗口，原窗口则为序号":1"。例如，当原窗口标题为"手抄报"，那么新建窗口后，原窗口标题和新建窗口标题分别变为"手抄报:1"和"手抄报:2"，当关闭其中任意一个窗口后，未关闭的窗口名称将变成原窗口标题，即"手抄报"。
- **拆分窗口：**单击"视图"选项卡中的"拆分窗口"按钮，可以将当前文档窗口拆分为上下两部分，便于同时查看同一份文档的不同部分。

- **重排窗口：** 单击"视图"选项卡中"重排窗口"按钮▤下方的下拉按钮▾，在弹出的下拉列表中选择重排方式，可将打开的多个文档以指定的方式进行排列。

三、任务实施

（一）设置文档页面布局

手抄报文档有竖版和横版两种，在制作时需要根据实际情况来设置文档的页面方向、页面大小和页边距等。具体操作如下。

微课视频

设置文档页面布局

（1）新建"垃圾分类手抄报"空白文档，在"页面布局"选项卡中单击"纸张方向"按钮▭，在弹出的下拉列表中选择"横向"选项。

（2）在"页面布局"选项卡中单击"页边距"按钮▥，在弹出的下拉列表中选择"窄"选项，如图1-30所示。

（3）在"页面布局"选项卡中单击"纸张大小"按钮▭，在弹出的下拉列表中选择"其他页面大小"选项。打开"页面设置"对话框，单击"纸张"选项卡，在"纸张大小"下拉列表框中选择"自定义大小"选项，在"宽度"数值框中输入"28"，在"高度"数值框中输入"19"，然后单击 确定 按钮，如图1-31所示。

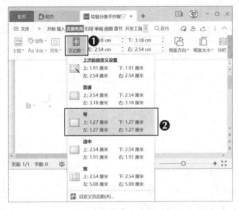

图1-30　选择页边距　　　　　　　图1-31　自定义纸张大小

知识补充

自定义页边距

在"页面布局"选项卡的"上""下""左""右"数值框中分别输入页边距值，或者在"页面设置"对话框中单击"页边距"选项卡，在"页边距"栏中的"上""下""左""右"数值框中分别输入需要的页边距，单击 确定 按钮后，即可自定义页边距。

（二）插入其他文档中的内容

微课视频

插入其他文档中的内容

垃圾分类手抄报中需要的文字已经提前整理在其他文档中，此时，可以通过插入对象或文件中的文字功能插入其他文档中的内容。具体操作如下。

（1）单击"插入"选项卡中的"对象"按钮▣右侧的下拉按钮▾，在弹出的下拉列表中选择"文件中的文字"选项。

（2）打开"插入文件"对话框，在左侧选择"项目一"选项，选择"垃圾分类知识.wps"文件选项，单击 打开(Q) 按钮，如图1-32所示，将在文本插入点处插入文档中所有的文字，如图1-33所示。

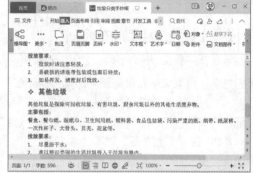

图1-32 选择插入的文件　　　　　　　图1-33 插入文字后的效果

知识补充　　　　　　　　　　　　　　插入对象

单击"对象"按钮，打开"插入对象"对话框，单击选中"由文件创建"单选项，再单击 浏览(B)... 按钮，打开"浏览"对话框，在其中选择需要插入的文件后，单击 打开(Q) 按钮，返回"插入对象"对话框，在"文件"文本框中将显示文件的保存位置，然后单击 确定 按钮，即可将所选文件中的所有文字、图片、图形、表格等对象插入当前文档中，并且该对象将以文本框的形式显示。

（三）设置页面背景

手抄报讲究整体效果的美观度，因此应合理设置文档的页面背景，可以使用纯色、渐变色、图片、图案和纹理等来填充背景，本任务使用图片来填充背景。选择的图片颜色不能太深，否则会遮挡文档中的文字。具体操作如下。

微课视频
设置页面背景

（1）单击"页面布局"选项卡中的"背景"按钮，在弹出的下拉列表中选择"图片背景"选项，如图1-34所示。

（2）打开"填充效果"对话框，在"图片"选项卡中单击 选择图片(L)... 按钮，打开"选择图片"对话框，在左侧选择"项目一"选项，然后选择"背景.png"图片文件，然后单击 打开(Q) 按钮，如图1-35所示。

（3）返回"填充效果"对话框，单击 确定 按钮后返回文档，可查看所选图片作为文档页面背景后的效果。

知识补充　　　　　　　　使用取色器快速吸取颜色

单击"背景"按钮下方的下拉按钮，在弹出的下拉列表中选择"取色器"选项。此时，鼠标指针将变成形状，将鼠标指针移动到需要吸取的颜色上时，取色器将显示该颜色的颜色值，单击即可吸取该颜色，并可将其填充到页面中作为背景色。

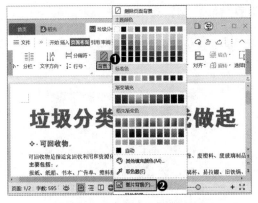

图 1-34　选择"图片背景"选项

图 1-35　选择背景图片

（四）设置页面边框

制作手抄报可以设置页面边框，增加手抄报的美观度，其设置方法与段落边框的设置方法类似，只是应用的范围有所区别。具体操作如下。

（1）单击"页面布局"选项卡中的"页面边框"按钮，打开"边框和底纹"对话框，单击"页面边框"选项卡，在"艺术型"下拉列表框中选择所需边框样式，在"宽度"数值框中输入"20"，然后单击 选项(O)... 按钮，如图1-36所示。

（2）打开"边框和底纹选项"对话框，在"度量依据"下拉列表框中选择"页边"选项，在"上""下""左""右"数值框中均输入"0"，然后单击 确定 按钮，如图1-37所示。

微课视频

设置页面边框

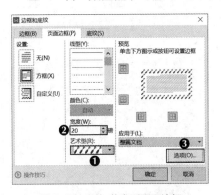

图 1-36　添加艺术型页面边框

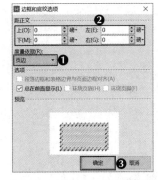

图 1-37　设置边框距正文的距离

（3）返回"边框和底纹"对话框，单击 确定 按钮后可查看为文档页面添加艺术型边框后的效果。

（五）设置分栏

手抄报文档的排版并不像正式文档那样中规中矩，可根据需要进行灵活排版。具体操作如下。

（1）将文档标题设置为居中对齐，然后选择除标题文本外的所有文本，单击"页面布局"选项卡中的"分栏"按钮，在弹出的下拉列表中选择"更多分栏"选项，如图1-38所示。

微课视频

设置文档分栏排版

（2）打开"分栏"对话框，在"栏数"数值框中输入"4"，然后单击 确定 按钮，如图1-39所示。

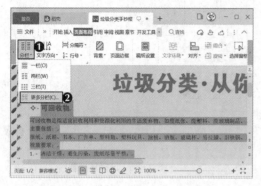

图 1-38　选择"更多分栏"选项

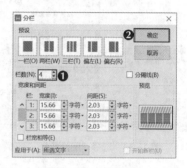

图 1-39　设置分栏

知识补充　　　　　　　　　　**设置栏宽相等和分割线**

　　　在"分栏"对话框中单击选中"栏宽相等"复选框，可使栏与栏之间的距离大致相等；单击选中"分隔线"复选框，可在栏与栏之间添加黑色的垂直线以表示分隔。

（3）所选文本被分为4栏，将文本插入点定位到"厨余垃圾"文本前，单击"页面布局"选项卡中的"分隔符"按钮，在弹出的下拉列表中选择"分栏符"选项，如图1-40所示。

（4）系统将在文本插入点处插入分栏符，并且文本插入点后面的文本将分配到下一栏中。使用相同的方法继续为其他文本添加分栏符，使文档内容能全部显示在浅绿色的背景中，如图1-41所示。

图 1-40　选择分隔符

图 1-41　分栏后的效果

知识补充　　　　　　　　　　**取消分栏**

　　　选择已分栏的段落，单击"页面布局"选项卡中的"分栏"按钮，在弹出的下拉列表中选择"一栏"选项，所选段落将以一栏效果进行排列。

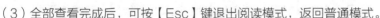

（六）使用阅读模式和护眼模式查看文档

微课视频

使用阅读模式和
护眼模式查看
文档

手抄报中的文字一般较多，用户可以通过WPS文字的阅读版式进行查看，同时，还可设置护眼模式以保护眼睛。具体操作如下。

（1）单击状态栏中的"阅读版式"按钮 进入阅读模式，如图1-42所示。再单击状态栏中的"护眼模式"按钮 开启护眼模式，如图1-43所示。

（2）该页查看完成后，单击 按钮切换到下一页进行查看，如图1-43所示。

（3）全部查看完成后，可按【Esc】键退出阅读模式，返回普通模式。

图1-42　阅读模式

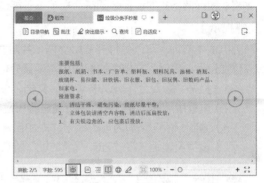

图1-43　护眼模式

实训一　制作"项目合作协议书"文档

【实训要求】

当公司与其他公司商讨项目合作，并达成口头协议后，就需要根据双方达成的口头协议制作"项目合作协议书"文档，该文档内容必须简洁、准确，文档格式设置必须规范、合理。制作完成后的效果如图1-44所示。

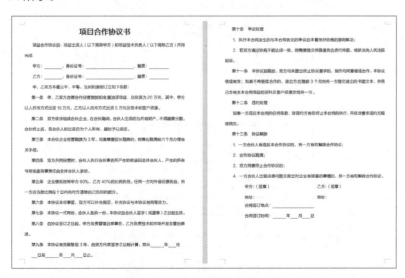

图1-44　"项目合作协议书"文档

素材所在位置	素材文件＼项目一＼项目合作协议书 .wps
效果所在位置	效果文件＼项目一＼项目合作协议书 .wps

【实训思路】

项目合作协议书的内容主要包括合作双方的资料、合作范围、合作期限、合作的具体内容、合作双方的责任与权利等。项目合作协议书属于比较正式的合同文档，所以，其格式要求比较严格，字体格式和段落格式的设置必须符合规范，不能过于花哨。

【步骤提示】

要完成本实训，可以先打开素材文档，并对文档的基本格式进行设置，然后再为文档中的部分段落添加编号，最后为文档中的部分段落设置分栏效果。具体步骤如下。

（1）打开"项目合作协议书.wps"文档，设置字体、字号、加粗和下画线等字体格式。

（2）设置段落的对齐方式、首行缩进等段落格式。

（3）为部分段落添加内置的编号样式和自定义的编号样式。

（4）设置页边距，将"签章""地址"所在的段落分为两栏。

实训二　编辑"活动策划方案"文档

【实训要求】

年末将至，公司会举行答谢晚宴活动，现在米拉需要制作一份关于此活动的方案。目前方案所包含的内容已经写好，但是需要对文档页面的布局、格式等进行设置。制作完成后的效果如图 1-45 所示。

图1-45　"活动策划方案"文档

素材所在位置	素材文件\项目一\活动策划方案.wps
效果所在位置	效果文件\项目一\活动策划方案.wps

【实训思路】

在制作活动策划方案时，要体现活动的主题、目的、时间、地点、流程及注意事项等内容，而且排版要规整，内容结构要清晰。不同的企业、不同的活动、不同的主题，活动策划方案可能有不同的要求，但具体的制作流程大致相同。

【步骤提示】

要完成本实训，可以先打开素材文档，然后再对页面等进行设置，涉及的操作主要包括设置页边距、文档格式和页面边框等。具体步骤如下。

（1）打开"活动策划方案.wps"文档，自定义页边距。

（2）对文档格式进行相应的设置。

（3）为文档添加艺术型边框样式。

课后练习

本项目主要介绍了新建文档、保存文档、输入并编辑文本内容、设置字体格式、使用"文字排版"工具智能排版文档、设置段落格式、添加项目符号和编号、添加边框和底纹、设置页面布局、插入其他文件中的内容、设置页面背景、设置页面边框和设置分栏等基础操作。本项目的重点内容在于快速设置文档的格式，以便提高编辑效率。

练习1：制作"公司授权委托书"文档

本练习要求在新建的文档中输入需要的文本内容，并对文档页面、字体格式和段落格式进行设置，使文档内容整齐、规范。参考效果如图1-46所示。

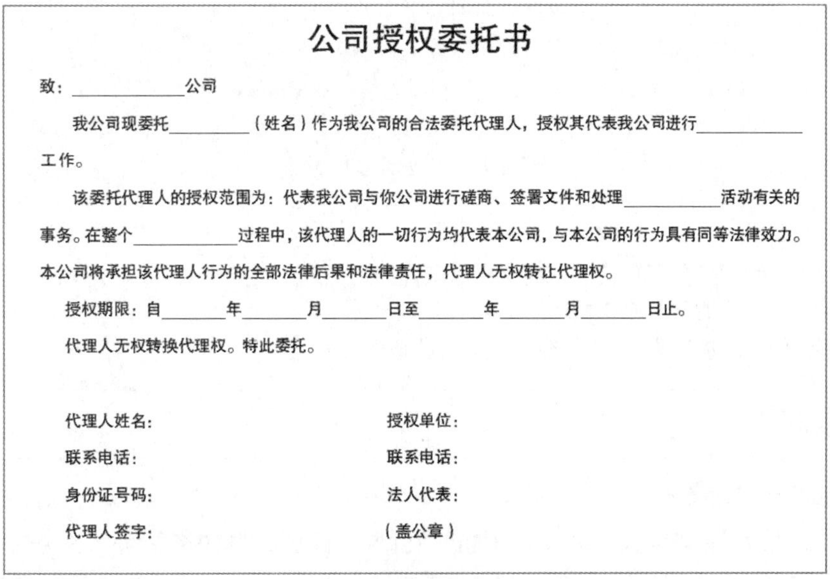

公司授权委托书

致：_____公司

我公司现委托_____（姓名）作为我公司的合法委托代理人，授权其代表我公司进行_____

工作。

该委托代理人的授权范围为：代表我公司与你公司进行磋商、签署文件和处理_____活动有关的

事务。在整个_____过程中，该代理人的一切行为均代表本公司，与本公司的行为具有同等法律效力。

本公司将承担该代理人行为的全部法律后果和法律责任，代理人无权转让代理权。

授权期限：自_____年_____月_____日至_____年_____月_____日止。

代理人无权转换代理权。特此委托。

代理人姓名：　　　　　　　　　授权单位：

联系电话：　　　　　　　　　　联系电话：

身份证号码：　　　　　　　　　法人代表：

代理人签字：　　　　　　　　　（盖公章）

图1-46　"公司授权委托书"文档

素材所在位置 素材文件\项目一\公司授权委托书.txt

效果所在位置 效果文件\项目一\公司授权委托书.wps

操作要求如下。

- 新建一个名为"公司授权委托书.wps"的空白文档，在文档中输入委托书内容后，再将文档页面方向设置为"横向"。
- 设置文档内容的字体格式和段落格式。
- 将文档最后的委托信息进行分栏。

练习2：编辑"放假通知"文档

本练习要求对"放假通知.wps"文档进行编辑，并对文档格式进行设置。参考效果如图1-47所示。

素材所在位置 素材文件\项目一\放假通知.wps

效果所在位置 效果文件\项目一\放假通知.wps

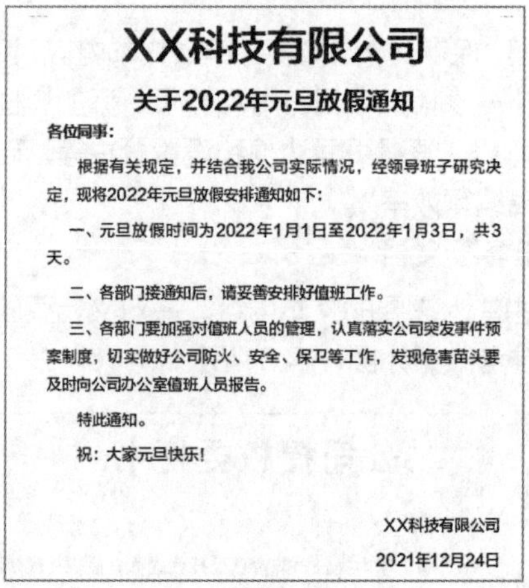

XX科技有限公司
关于2022年元旦放假通知

各位同事：

　　根据有关规定，并结合我公司实际情况，经领导班子研究决定，现将2022年元旦放假安排通知如下：

　　一、元旦放假时间为2022年1月1日至2022年1月3日，共3天。

　　二、各部门接通知后，请妥善安排好值班工作。

　　三、各部门要加强对值班人员的管理，认真落实公司突发事件预案制度，切实做好公司防火、安全、保卫等工作，发现危害苗头要及时向公司办公室值班人员报告。

　　特此通知。

　　祝：大家元旦快乐！

　　　　　　　　　　　　　　　　　　XX科技有限公司
　　　　　　　　　　　　　　　　　　2021年12月24日

图1-47　"放假通知"文档

操作要求如下。

- 打开"放假通知.wps"文档，在文档落款处插入系统当前的日期。
- 设置文档内容的字体格式和段落格式。
- 为部分段落添加内置的编号样式。

技巧提升

1. 设置文档自动备份

在制作文档时，常常会因为操作失误或计算机故障而丢失文档内容。为了避免这一情况，用户可以设置每隔一段时间就自动备份文档。设置文档自动备份方法如下。单击 ≡ 文件 按钮，在弹出的下拉列表中选择"备份与恢复"选项，在弹出的子列表中选择"备份中心"选项，打开"备份中心"对话框,单击"本地备份设置"超链接,打开"本地备份配置"对话框,单击选中"定时备份"单选项,在其右侧的数值框中设置备份间隔时间,如图1-48所示。

图1-48 定时备份设置

2. 修复被损坏的文档

当计算机中保存的文档被损坏时,用户可以通过"文档修复"功能来修复文档。修复被损坏的文档的方法如下。单击 ☰ 文件 按钮,在弹出的下拉列表中选择"备份与恢复"选项,在弹出的子列表中选择"文档修复"选项,系统将开始加载文档修复功能。加载完成后,打开"文档修复"对话框,单击💼按钮,在"打开"对话框中选择被损坏的文档,然后单击 打开(0) 按钮,系统将开始解析文档,并显示解析结果。接着在打开的对话框中单击 确定 按钮,再单击 确认修复 按钮,如图1-49所示,即可对文档进行修复。需要注意的是,使用此项功能的前提是成为WPS的超级会员。

图1-49 文档修复

3. 快速插入带圈字符

在文档中为重点文字添加圈号,可以起到强调的作用。在文档中选择需要添加圈号的文本或者将文本插入点定位到需要插入带圈字符的位置,单击"开始"选项卡"拼音指南"按钮🔤右侧的下拉按钮▾,在弹出的下拉列表中选择"带圈字符"选项,打开"带圈字符"对话框,选择需要的样式后,在"圈号"栏中的"文字"文本框中输入需要的文字,在"圈号"列表框中选择需要的圈号样式,然后单击 确定 按钮。

4. 插入公式

在制作数学、化学和物理等方面的文档时，经常会涉及公式的使用，此时就可以通过WPS文字提供的公式功能在文档中插入需要的公式。插入公式的方法是：将文本插入点定位到需要插入公式的位置，单击"插入"选项卡中的"公式"按钮∬，系统将在文本插入点处插入公式框，并激活"公式工具"选项卡。将文本插入点定位到公式框中后，单击"公式工具"选项卡中的运算符号、分数、上下标、根式和函数等按钮添加公式需要的对象。另外，在"公式"下拉列表中还内置了一些公式样式，用户可直接使用。

5. 设置双行合一

企、事业单位经常需要多部门或多单位联合发文，此时就可以用到WPS文字提供的双行合一功能，将两行显示的内容合并成一行显示。设置双行合一的方法是：选择文档中需要设置双行合一的文本，单击"开始"选项卡中的"中文版式"按钮，在弹出的下拉列表中选择"双行合一"选项，打开"双行合一"对话框，单击选中"带括号"复选框，在"括号样式"下拉列表框中选择需要的括号样式，然后单击 确定 按钮，所选文本将以两行显示，但其实只占了一行的位置，如图1-50所示。

图1-50　设置双行合一

6. 将文档输出为PDF格式

PDF文件既便于传输，也能防止他人对文档进行修改，因此，很多用户都会选择将文档输出为PDF格式。将文档输出为PDF格式的方法是：单击快速访问工具栏中的"输出为PDF"按钮，打开"输出PDF文件"对话框，在中间的列表框中单击选中当前打开文档中需要输出为PDF文档对应的复选框，在"输出选项"栏中设置文档的输出范围，在"保存位置"下拉列表框中选择PDF文件的保存位置，然后单击 开始输出 按钮。

项目二

制作图文混排类 WPS 文档

情景导入

　　米拉在向老洪汇报工作时，看到老洪打开的招聘海报非常精美，于是向老洪请教图文混排类文档的制作方法。老洪告诉米拉，使用WPS Office不仅可以制作以文字为主的各种制度、方案、通知和合同等办公文档，还可以制作宣传海报、个人简历、名片和请假单等图文混排类和表格类的文档。这类文档视觉冲击力强，为了整体效果的美观，制作时需要灵活排列图片、形状、文本框、表格、艺术字、图标和流程图等对象。

　　听了老洪的介绍后，米拉准备自己动手制作校园招聘海报，但她却不知道如何使用图片、形状和文本框等对象。于是，在老洪指导下，米拉开始认真学习制作图文混排类WPS文档。

学习目标

- 能够熟练在文档中编辑和处理插入的图片
- 能够熟练在文档中插入和编辑形状、文本框、艺术字、流程图等对象
- 能够熟练在文档中插入表格

素养目标

- 提升对文档效果的审美能力与页面布局能力
- 提升图文混排的操作能力
- 养成合理使用各种对象的良好习惯

任务一　制作"校园招聘海报"文档

3、4月是招聘旺季，公司每年都会在这个时候招聘大量人才。公司在招聘之前，还需要做好前期工作，如制订招聘计划、制作招聘海报等。米拉根据公司的校园招聘计划，准备制作一张校园招聘海报，以便在校园招聘会上使用。海报要求突出校园招聘的主题，且整体效果美观。本任务的参考效果如图2-1所示。

素材所在位置　素材文件 \ 项目二 \ 背景 .jpg、Logo.png

效果所在位置　效果文件 \ 项目二 \ 校园招聘海报 .docx

图2-1　"校园招聘海报"文档

一、任务描述

（一）任务背景

校园招聘是指用人单位到目标学校招聘人才的一种活动。校园招聘海报则是为招聘活动进行宣传的工具，它一方面可以起到宣传公司的作用，另一方面又可以为公司招揽更多的人才。所以，招聘海报中的内容既要包含公司的主要信息，如公司介绍、公司名称、公司地址、联系电话或微信公众号等，又要包括招聘的信息，如招聘岗位、岗位待遇等。另外，校园招聘海报主要针对在校大学生，因此，海报整体风格要符合大学生的审美。本任务将制作"校园招聘海报"文档，要求灵活应用图片、形状、文本框、艺术字等对象，使制作的海报能让人眼前一亮。

（二）任务目标

（1）能够在文档中插入需要的图片，并能根据需要调整和编辑图片。

（2）能够在文档中绘制需要的形状，并能对形状的填充效果、轮廓效果等进行设置。

（3）能够在文档中插入需要的艺术字，使文档标题或重点内容更加醒目。

（4）能够在文档中绘制和编辑文本框，并利用文本框进行灵活排版。

（5）能够根据实际需要制作二维码，并将其插入文档中。

二、相关知识

制作校园招聘海报一类的图文混排类文档时，经常会用到图片、形状、文本框等对象，制作前需要熟练掌握这些对象的插入与编辑方法。

（一）插入图片的 3 种常用方法

在WPS文字中插入图片时，可以根据图片的保存位置来选择插入方法，下面介绍插入图片的3种常用方法。

- **插入本地图片：** 单击"插入"选项卡中的"图片"按钮 ，打开"插入图片"对话框，选择需要插入的图片后，单击 打开(Q) 按钮。

- **插入稻壳图片：** 单击"图片"按钮 下方的下拉按钮 ，在弹出的下拉列表中显示了稻壳推荐的一些图片，单击需要的图片即可下载。如果是稻壳会员，则下载的图片没有水印，可直接使用；若不是稻壳会员，则下载的图片带有水印。另外，若推荐的图片不能满足需要，可在"搜索您想要的图片"搜索框中输入图片的关键信息，然后按【Enter】键进行搜索，单击搜索出的图片即可下载使用。

- **插入手机图片：** 单击"图片"按钮 下方的下拉按钮 ，在弹出的下拉列表中单击"手机传图"按钮 ，系统将开始加载手机传图。加载完成后，打开"插入手机图片"对话框，用手机微信扫描二维码后，在手机上单击 选择图片 按钮，在弹出的列表中选择"从手机相册选择"选项，打开手机相册选择需要的图片，一次最多可选择20张图片。上传完成后，"插入手机图片"对话框中将显示上传的图片，双击图片即可将其插入文档。插入手机图片的步骤如图2-2所示。

图2-2　插入手机图片

知识补充　　　　　　　　　　　插入截屏图片

　　先打开需要截取图片的窗口，再在文档中单击"插入"选项卡中的"更多"按钮•••，在弹出的下拉列表中选择"截屏"选项，在弹出的子列表中选择所需选项。此时，桌面上将显示一个蓝色的框，拖曳鼠标选择需要截取的部分后，在出现的工具栏中单击"完成"按钮✓，所截取的部分将以图片的形式嵌入文档中。

（二）设置图片环绕方式与排列方式

在制作宣传单、海报、产品介绍等文档时，可能需要插入多张图片，那么此时就需要对图片的环绕方式和排列方式进行设置。

1. 图片环绕方式

在 WPS 文字中，图片默认以嵌入方式插入文档之中，不能随意调整图片位置，若想灵活排列文档中的图片，就需要对图片的环绕方式进行设置。WPS 文字提供了嵌入型、四周环绕型、紧密型环绕、衬于文字下方、浮于文字上方、上下型环绕和穿越型环绕等 7 种环绕方式，用户可根据需要选择合适的图片环绕方式。

- **嵌入型：** WPS文字默认的图片环绕方式，在该环绕方式下不能随意调整图片的位置。
- **四周型环绕：** 此环绕方式下，可以在文档编辑区中随意拖曳图片，且图片本身占用一个矩形空间，所以图片周围的文字将围绕在图片的四周。
- **紧密型环绕：** 此环绕方式下，可随意拖曳图片，并且文字会紧密环绕在图片周围。
- **衬于文字下方：** 此环绕方式下，图片位于文字下方，可随意移动图片，但文字会遮挡住图片。
- **浮于文字上方：** 此环绕方式下，图片位于文字上方，可随意移动图片，但图片会遮挡住文字。
- **上下型环绕：** 此环绕方式下，图片位于文字的中间，且单独占用数行位置，可随意拖曳图片。
- **穿越型环绕：** 该环绕方式与紧密型环绕方式的效果区别不大，如果图片不是规则的图形（有凹陷），则会有部分文字在图片凹陷的地方显示。

2. 图片排列方式

当需要按照某种规律来排列图片时，就可以采用设置对齐方式、调整叠放顺序、调整旋转方向等方式。

- **设置对齐方式：** 选择多张图片（嵌入的图片除外），单击"图片工具"选项卡中的"对齐"按钮🖧，在弹出的下拉列表中提供了左对齐、水平居中、右对齐、顶端对齐、垂直居中、底端对齐、横向分布和纵向分布等8种对齐方式，选择需要的对齐方式后，所选图片将按照所选的对齐方式进行对齐。
- **调整叠放顺序：** 选择图片，单击"图片工具"选项卡中"上一层"按钮或"下一层"按钮右侧的下拉按钮▾，在弹出的下拉列表中选择需要的叠放顺序。
- **调整旋转方向：** 选择图片，将鼠标指针移动到图片上方的⟳图标上，拖曳鼠标便可调整图片的旋转角度；或者单击"图片工具"选项卡中的"旋转"按钮，在弹出的下拉列表中选择需要的旋转选项。

知识补充   **排列其他对象·**

文档中的图表、艺术字、文本框和形状等对象都可以按照排列图片的方法进行排列。

（三）编辑形状顶点

WPS文字内置了多种类型的形状，当这些内置的形状不能满足需要时，用户可以通过绘制一个相似的形状，再通过编辑形状顶点，将其调整成需要的形状。编辑形状顶点的方法如下。单击"插入"选项卡中的"形状"按钮 ⬜，在弹出的下拉列表中选择与目标形状类似的形状，然后在文档中拖曳鼠标进行绘制。绘制完成后选择形状，单击"绘图工具"选项卡中的"编辑形状"按钮 ⬚，在弹出的下拉列表中选择"编辑顶点"选项，此时，形状上将显示所有的顶点，单击任意一个顶点，该顶点对应的两条边上将分别出现一个图标，将鼠标指针移动到该图标上，拖曳鼠标即可形成新的形状，如图2-3所示。

除此之外，右击形状顶点，弹出的快捷菜单中提供了各种编辑形状顶点的命令，如图2-4所示，选择需要的命令后，即可对顶点进行对应的编辑。编辑完成后，单击形状以外的区域，退出形状顶点的编辑状态。

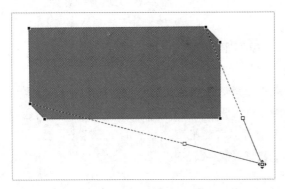

图2-3　拖曳鼠标调整顶点

图2-4　编辑形状顶点的命令

（四）活用稻壳素材

WPS文字为稻壳会员提供了图片、图标、关系图、图表、文本框、艺术字、字体和音频等多种在线素材，用户灵活使用这些素材，可更加轻松地制作文档。活用稻壳素材的方法是：单击"插入"选项卡中的"稻壳素材"按钮 ⬚，打开"稻壳资源"窗口，其左侧显示了资源的分类，选择某个分类后，右侧将显示对应的素材，单击需要的素材后，即可将其插入文档。

三、任务实施

（一）插入与编辑图片

图片广泛应用于各类海报的制作中，它既可以作为海报背景，又可以补充说明文字。下面先为"校园招聘海报"文档插入需要的图片，再对图片进行相应的编辑。具体操作如下。

微 课 视 频

插入与编辑海报
图片

（1）新建空白文档，单击"插入"选项卡中的"图片"按钮⊡。

（2）打开"插入图片"对话框，在"位置"下拉列表框中选择图片文件的保存位置，在下方列表框中选择"背景.png"文件选项，然后单击 打开(O) 按钮，如图2-5所示。

（3）选择插入的图片，单击"图片工具"选项卡中的"环绕"按钮 ，在弹出的下拉列表中选择"衬于文字下方"选项，如图2-6所示。

（4）将鼠标指针移动到图片右下角的控制点上，按住【Shift】键不放，向右下角拖曳，使图片与页面一样大。

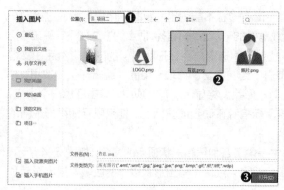

图2-5　选择图片文件

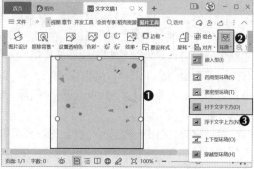

图2-6　设置图片环绕方式

知识补充　　　　　　　　　　　抠除图片背景

选择图片，单击"图片工具"选项卡中"抠除背景"按钮 下方的下拉按钮 ，在弹出的下拉列表中选择"设置透明色"选项。此时，鼠标指针将变成吸管形状 ，单击图片纯色背景，即可将纯色背景设置为透明色。若选择"抠除背景"选项，则打开"智能抠图"对话框，系统将自动识别并抠除图片背景，完成后单击 完成抠图 按钮。

（5）单击"插入"选项卡中"图片"按钮⊡下方的下拉按钮 ，在弹出的下拉列表中的"稻壳图片"栏的搜索框中输入"喇叭"文本，然后按【Enter】键搜索图片，接着单击需要的图片，如图2-7所示。

（6）系统将开始下载选择的图片，下载完成后，在文档中将图片调整到合适的大小和位置，如图2-8所示。

图2-7　选择稻壳图片

图2-8　调整图片

（二）插入与编辑形状

　　形状既可以装饰文档，又可以承载文字，是制作海报时的常用对象。下面为"校园招聘海报"文档插入形状，并对形状的填充颜色、轮廓、效果等进行设置。具体操作如下。

微课视频
插入与编辑形状

　　（1）单击"插入"选项卡中的"形状"按钮 ，在弹出的下拉列表中选择"圆角矩形"选项，如图2-9所示。

　　（2）拖曳鼠标在文档中绘制一个圆角矩形，然后选择该形状，单击"绘图工具"选项卡中"填充"按钮 下方的下拉按钮 ，在弹出的下拉列表中选择"无填充颜色"选项，如图2-10所示。

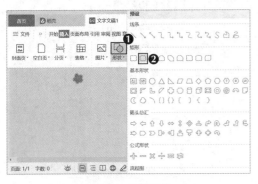

图2-9　选择形状

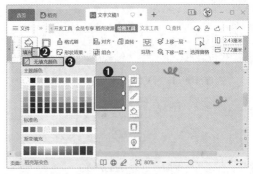

图2-10　取消形状填充颜色

　　（3）单击"绘图工具"选项卡中"轮廓"按钮 下方的下拉按钮 ，在弹出的下拉列表中选择"白色，背景1"选项，然后再次单击"轮廓"按钮 下方的下拉按钮 ，在弹出的下拉列表中选择"线型"选项，在弹出的子列表中选择"6磅"选项，如图2-11所示。

　　（4）单击"绘图工具"选项卡中的"形状效果"按钮 ，在弹出的下拉列表中选择"阴影"选项，在弹出的子列表中选择"居中偏移"选项，如图2-12所示。

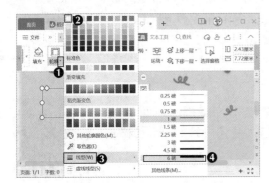

图2-11　设置形状轮廓粗细

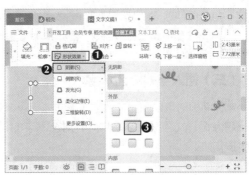

图2-12　设置形状阴影效果

知识补充　　　　　　　　　　　　**更改形状**

　　　　选择形状，单击"绘图工具"选项卡中的"编辑形状"按钮⟨，在弹出的下拉列表中选择"更改形状"选项，在弹出的子列表中选择需要的形状类型，即可更改形状。

　　（5）在形状中输入"销售代表（15名）"文本，然后在"文本工具"选项卡中将其字体设置为"方正粗圆简体"，字号设置为"小一"。

　　（6）选择形状，按住【Ctrl+Shift+Alt】组合键，向右拖曳，从而复制该形状，如图2-13所示。

　　（7）将复制形状中的文本更改为"平面设计师（7名）"，然后使用相同的方法继续复制形状，并更改形状中的文本。

　　（8）在"运营专员（8名）"文本下方绘制一条直线，然后选择直线，单击"绘图工具"选项卡中"轮廓"按钮▯下方的下拉按钮▾，在弹出的下拉列表中选择"虚线线型"选项，在弹出的子列表中选择"圆点"选项，如图2-14所示。

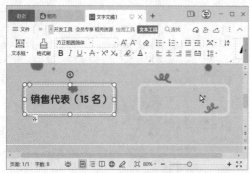

图2-13　复制形状

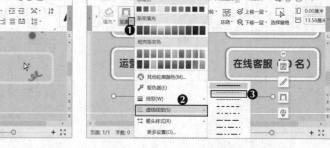

图2-14　设置轮廓线型

知识补充　　　　　　　　**通过选择窗格选择对象**

　　　　当文档中的多个对象重叠排列在一起时，通过单击可能不易选择目标对象，此时可选择某一个对象，单击"绘图工具"或"图片工具"选项卡中的"选择窗格"按钮▯，打开"选择窗格"任务窗格，其中显示了文档中所有对象的对应名称，选择对应选项，即可在文档中快速选择与其对应的对象。另外，也可以通过单击任务窗格下方的↑和↓按钮，调整对象名称的位置，进而调整对象的叠放顺序。

（三）插入与编辑艺术字

　　制作海报时可以添加艺术字作为文档标题，突出显示海报主题。下面为"校园招聘海报"文档插入艺术字，并对艺术字的样式、字体和字号等进行设置。具体操作如下。

微课视频

插入与编辑艺术字

（1）单击"插入"选项卡中的"艺术字"按钮△，在弹出的下拉列表中选择"预设样式"栏的"填充-橙色，着色4，软边缘"选项，如图2-15所示。

（2）在插入的文本框中输入"JOIN"，并设置字体为"Kozuka Gothic Pro H"，字号为"72"，然后将该文本框移动到页面右下角。

（3）选择文本框，向下复制，并将文本修改为"US"，然后按住【Shift】键选择"US"和"JOIN"文本框，单击浮动工具栏中的"右对齐"按钮△，如图2-16所示。

（4）复制"JOIN"文本框，将文本修改为"聘"，将其字体设置为"方正粗圆简体"，字号设置为"200"，然后将其移动到页面右上方。

图2-15　选择艺术字样式

图2-16　对齐艺术字

（5）选择"聘"文本框，单击"文本工具"选项卡中的"文本效果"按钮△，在弹出的下拉列表中选择"阴影"选项，在弹出的子列表中选择"居中偏移"选项，如图2-17所示。

（6）复制"JOIN"文本框，更改为"我"，再将其字体设置为"方正卡通简体"，字号设置为"120"。然后选择"我"文本框，单击"文本工具"选项卡中"文本填充"按钮△右侧的下拉按钮▼，在弹出的下拉列表中选择"取色器"选项，如图2-18所示。

（7）此时，鼠标指针将变成形状，将鼠标指针移动到所需颜色上后，形状右上角将显示该颜色的颜色值，如图2-19所示。

图2-17　设置艺术字效果

图2-18　选择"取色器"选项

（8）单击，将颜色填充到艺术字中。保持文本框的选择状态，单击"文本工具"选项卡中"文本轮廓"按钮△右侧的下拉按钮▼，在弹出的下拉列表中选择"白色，背景1"选项，如图2-20所示。

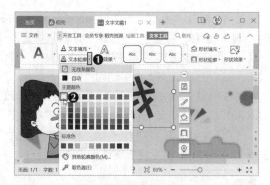

图 2-19　吸取颜色　　　　　　　　　　　　图 2-20　设置文本轮廓

（9）使用相同的方法制作"们""来""招""啦"艺术字。

（10）选择"们"文本框，将鼠标指针移动到文本框上方的 ◎ 图标上，向右拖曳，如图2-21所示。

（11）旋转到合适的位置后松开鼠标，然后使用相同的方法旋转"来"文本框，效果如图2-22所示。

图 2-21　旋转艺术字　　　　　　　　　　　图 2-22　旋转后的艺术字效果

（四）插入与编辑文本框

WPS 文字提供了横向、竖向、多行文字和稻壳文本框 4 种文本框类型，制作"校园招聘海报"文档时可根据需要选择合适的文本框。下面先插入需要的文本框，再对文本框的形状填充和形状轮廓等进行设置。具体操作如下。

（1）单击"插入"选项卡中"文本框"按钮 国 下方的下拉按钮 ，在弹出的下拉列表中选择"横向"选项，如图2-23所示。

（2）拖曳鼠标绘制横向文本框，在文本框中输入"扫描投递简历"文本，将字体设置为"方正粗圆简体"，字号设置为"二号"。

（3）选择文本框，单击"文本工具"选项卡中"形状填充"按钮 ◇ 右侧的下拉按钮 ，在弹出的下拉列表中选择"无填充颜色"选项，如图2-24所示。

（4）单击"文本工具"选项卡中"形状轮廓"按钮 ◇ 右侧的下拉按钮 ，在弹出的下拉列表中选择"无边框颜色"选项，取消文本框的轮廓。

微课视频

插入与编辑文本框

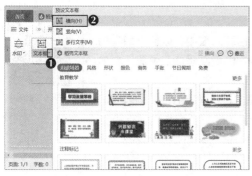

图 2-23 选择文本框

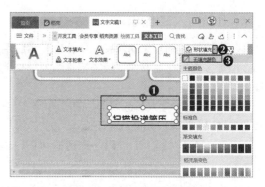

图 2-24 取消文本框填充颜色

（5）复制3次"扫描投递简历"文本框，修改文本框中的内容、字号，并使文本加粗显示，然后选择所有的文本框，单击浮动工具栏中的"左对齐"按钮，如图2-25所示。

（6）保持文本框的选择状态，单击"绘图工具"选项卡中的"组合"按钮，在弹出的下拉列表中选择"组合"选项，如图2-26所示。

（7）所选的多个文本框将组合成一个大文本框，以便于对其进行整体操作。

图 2-25 左对齐文本框

图 2-26 组合文本框

知识补充

设置文本框链接

若文本框中的内容过多，且一个文本框不能完全显示时，可以使用WPS文字提供的文本框链接功能，将有内容的文本框与空白文本框链接起来，让有内容的文本框自动随着文本框大小的变化而调整显示的内容。设置文本框链接方法是：绘制一个空白文本框，选择内容未完全显示出来的文本框，单击"文本工具"选项卡中的"文本链接"按钮，在弹出的下拉列表中选择"创建文本框链接"选项，此时，鼠标指针将变成 形状，将鼠标指针移动到空白的文本框上时，鼠标指针将变成 形状，单击空白文本框，原文本框中未显示的内容将链接到空白的文本框中，并且调整原文本框大小或删除原文本框后，原文本框中的内容将自动在链接的文本框中显示。

（五）插入二维码

二维码是目前常见的信息载体，也经常应用在招聘海报中，以便求职者扫描获取更多信息。在制作"校园招聘海报"文档时，也可以添加二维码。具体操作如下。

插入二维码

（1）单击"插入"选项卡中的"功能图"按钮，在弹出的下拉列表中选择"二维码"选项，如图2-27所示。

（2）打开"插入二维码"对话框，在"输入内容"文本框中输入公司的简介，如图2-28所示。

图 2-27　选择"二维码"选项　　　　　　图 2-28　输入内容

（3）单击"名片"按钮，在"输入联系人信息"下方输入联系信息，如图2-29所示。

（4）在对话框右侧单击"嵌入Logo"选项卡，单击选中"圆角"单选项，再单击 +点击添加图片 按钮，如图2-30所示。

（5）打开"打开文件"对话框，在地址栏中选择Logo的保存位置，在下方的列表框中选择"LOGO.png"图片文件，单击 打开(O) 按钮，如图2-31所示。

（6）返回"插入二维码"对话框，单击"嵌入文字"选项卡，在文本框中输入"科瑞"文本，再单击"文字颜色"按钮，在弹出的面板中选择红色色块，然后单击 确定 按钮，如图2-32所示。

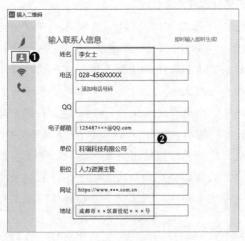

图 2-29　输入联系人信息　　　　　　图 2-30　设置 Logo 的格式

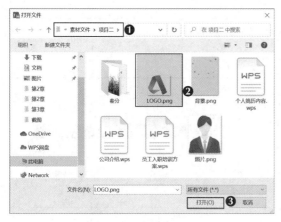

图 2-31　选择图片文件

图 2-32　设置二维码中的文本

（7）二维码中将按照设置的文字格式显示"科瑞"文本，如图2-33所示。

（8）单击 确定 按钮，将制作的二维码以图片的形式嵌入文档中，然后将图片的环绕方式设置为"浮于文字上方"，并将二维码图片调整到合适的位置和大小，如图2-34所示。

图 2-33　文字效果

图 2-34　插入二维码后的效果

（9）将文档以"校园招聘海报.docx"格式保存在计算机中。

知识补充　　　　　　　　　　**为什么要保存为 .docx 格式**

　　　在 .wps 格式的文档中，图片、形状、艺术字、文本框等对象的很多效果和设置都不能使用，只有在新建的文档和 .docx 格式的文档中才能正常显示，所以，本任务需要将制作完成的文档保存为 .docx 格式。

任务二　制作"公司介绍"文档

　　为了对外宣传公司，公司会在 3 月举行的发布会活动中，给每一位参会人员随礼品附上一份公司介绍册。老洪将制作公司介绍册的任务交给了米拉，要求她制作一份逻辑清晰、结构完整、数据突出的文档，因为需要对外展示，还要求文档整体效果美观。本任务的参考效果如图 2-35 所示。

| 素材所在位置 | 素材文件\项目二\公司介绍.docx |
| 效果所在位置 | 效果文件\项目二\公司介绍.docx |

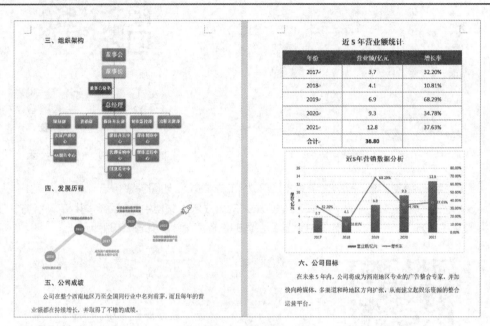

图 2-35　"公司介绍"文档

一、任务描述

（一）任务背景

公司介绍广泛应用于公司对外交往、市场活动和品牌推广中，它既可以展示公司实力，为公司带来更多商机，又可以起到宣传公司的作用。为了更好地将公司信息展示出来，制作的公司介绍内容一定要全面，应包含公司简介、主营业务、发展历程、组织架构、企业文化、荣誉奖项、取得的成绩、未来发展目标等内容，而且能图示化的内容尽量采用易理解的图形，便于观众能从中快速获取有效信息。

（二）任务目标

（1）能够插入需要的智能图形，并且进行相应的编辑。
（2）能够插入合适的流程图，并根据需要对流程图内容进行编辑。
（3）能够在文档中插入表格，并能灵活对表格内容、表格格式进行设置。
（4）能够对表格中的数据进行简单计算。
（5）能够在文档中插入需要的图表，并能对图表进行编辑和美化操作。

二、相关知识

"公司介绍"文档中需要应用表格来展示数据，因此制作该文档需要掌握表格的插入方法及文本与表格的转换方法。

（一）表格的插入方法

在WPS文字中，常用的插入表格的方法有拖曳鼠标选择插入、通过"插入表格"对话框插入和绘制表格3种，用户可以根据不同的情况选择合适的方法。

- **拖曳鼠标选择插入：** 将文本插入点定位到需要插入表格的位置，单击"插入"选项卡中的"表格"按钮 ⊞，在弹出的下拉列表中显示了8行24列的虚拟表格，拖曳鼠标选择需要插入表格的行数和列数后单击即可。
- **通过"插入表格"对话框插入：** 将文本插入点定位到需要插入表格的位置，单击"插入"选项卡中的"表格"按钮 ⊞，在弹出的下拉列表中选择"插入表格"选项，打开"插入表格"对话框，在"表格尺寸"栏的"列数"和"行数"数值框中输入表格的列数和行数，在"列宽选择"栏中设置表格列宽，然后单击 确定 按钮，如图2-36所示。
- **绘制表格：** 单击"插入"选项卡中的"表格"按钮 ⊞，在弹出的下拉列表中选择"绘制表格"选项，此时，鼠标指针将变成 ∅ 形状，在文档中拖曳鼠标完整绘制出表格，如图2-37所示。

图 2-36　插入表格　　　　　　　　　　图 2-37　绘制表格

知识补充　　　　　　　　　　　**插入稻壳内容型表格**

　　单击"插入"选项卡中的"表格"按钮 ⊞，在弹出的下拉列表的"稻壳内容型表格"栏中显示了多种类型的表格模板，将鼠标指针移动到表格模板上，将显示表格预览效果，选择需要的表格模板后，可直接将其插入文档中。用户可以根据实际需要对表格模板中的内容进行修改。

（二）文本与表格的转换方法

为了便于用户更好地编辑和处理文档中的数据，WPS文字提供了文本与表格的转换功能，用户可以快速将文档中的文本数据和表格数据进行相互转换。转换方法如下。

- **文本转换成表格：** 在文档中选择需要转换为表格的文本数据，单击"插入"选项卡中的"表格"按钮 ⊞，在弹出的下拉列表中选择"文本转换成表格"选项，打开"将文字转换成表格"对话框，在其中对表格行列数和文字分隔位置进行设置，单击 确定 按钮后，即可将选择的文本数据转换为表格数据。
- **表格转换成文本：** 选择表格，单击"表格工具"选项卡中的"转换成文本"按钮 ⊞，打开"表格转换成文本"对话框，在其中设置文字分隔符并单击 确定 按钮，所选表格数据将转换为文本数据。

三、任务实施

（一）插入与编辑智能图形

公司介绍常使用智能图形来展示公司的组织架构、人员关系，以直观地表达多种关系。但在以.wps格式保存的文档中无法使用智能图形功能，所以本任务使用.docx格式的文档进行操作。具体操作如下。

微课视频
插入与编辑智能
图形

（1）打开"公司介绍.docx"文档，将文本插入点定位到"三、组织架构"文本下方的空白行中，单击"插入"选项卡中的"智能图形"按钮，如图2-38所示。

（2）打开"智能图形"对话框，单击"层次结构"选项卡，在该选项卡中选择"组织结构图"选项，如图2-39所示。

图2-38 单击"智能图形"按钮

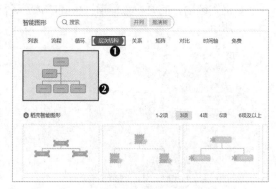

图2-39 选择智能图形

（3）在组织结构图的各个形状中输入内容。选择"总经理"形状，单击"设计"选项卡中的"添加项目"按钮，在弹出的下拉列表中选择"在上方添加项目"选项，如图2-40所示。

（4）在"总经理"形状上方添加一个形状，并在该形状中输入"董事长"文本，然后使用相同的方法在"董事长"形状上方添加一个形状，并输入"董事会"文本。

（5）选择"董事长"形状，单击"设计"选项卡中的"添加项目"按钮，在弹出的下拉列表中选择"添加助理"选项，如图2-41所示。

图2-40 在上方添加项目

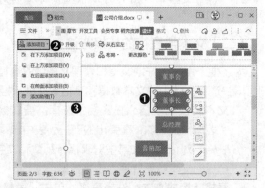

图2-41 添加助理

（6）在添加的助理形状中输入"董事会秘书"文本，然后使用相同的方法继续添加组织结构图中需要的其他形状，并删除"总经理"形状左侧下方的"营销部"形状。

（7）选择"策划部"形状下方的"营销部"形状，单击"设计"选项卡中的"升级"按钮 ，如图2-42所示，"营销部"形状将上升一个级别，与"策划部"形状同级别。

（8）选择整个智能图形，在"设计"选项卡中的样式列表框中选择第5种样式，如图2-43所示。

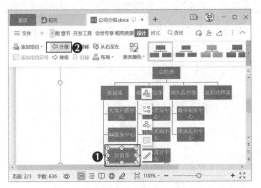

图 2-42　升级形状

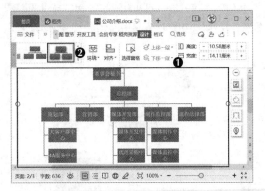

图 2-43　应用智能图形样式

（9）单击"设计"选项卡中的"更改颜色"按钮 ，在弹出的下拉列表的"彩色"栏中选择第3种样式，如图2-44所示。

（10）将智能图形形状中的文本设为加粗，并根据形状大小设置"总经理"形状及"总经理"形状上方其他形状中文本的字号，效果如图2-45所示。

图 2-44　更改智能图形颜色

图 2-45　设置字体后的效果

知识补充　　　　　　　　　　　　　　更改形状布局

　　　　选择智能图形中包含下一级形状的形状，单击"设计"选项卡中的"布局"按钮 ，在弹出的下拉列表中选择所需选项，可将选择的布局应用于所选形状的下一级形状中。

（二）插入与编辑流程图

　　"公司介绍"文档中的发展历程等内容可以通过 WPS 文字的流程图功能制作。下面为"公司介绍"文档插入与发展历程相关的流程图，并对其进行编辑操作。具体操作如下。

微课视频

插入与编辑流程图

（1）将文本插入点定位到"四、发展历程"文本下方的空白行中，单击"插入"选项卡中的"流程图"按钮↘。

（2）打开"流程图"对话框，单击"时间轴"选项卡，在该选项卡中选择"时间轴流程"选项，如图2-46所示。

（3）打开该流程图的预览效果，单击 立即使用 按钮，打开流程图编辑窗口，在左侧的"基础图形"栏中拖曳圆形至编辑区中，如图2-47所示。

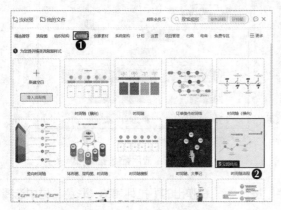

图2-46　选择"时间轴流程"选项　　　　　　图2-47　拖曳圆形图形至编辑区

（4）在圆形图形中输入"2008"文本，在窗口编辑栏中将字号设置为"20px"，然后单击"加粗"按钮 B 加粗文本，再设置字体颜色为白色，填充样式为"#4DD0E1"，接着在"线条宽度"下拉列表框中选择"0px"，如图2-48所示。

（5）选择任意一个标题文本框，复制标题文本框，将复制后的标题文本框移动到"2008"圆形图形下方，修改文本框中的文本，然后继续对其他标题文本框中的文本进行修改，再将其调整到合适的位置，并删除多余的文本，最后单击 插入 按钮，如图2-49所示。

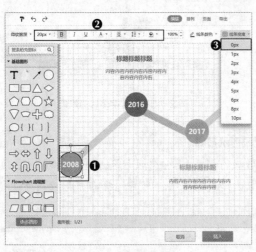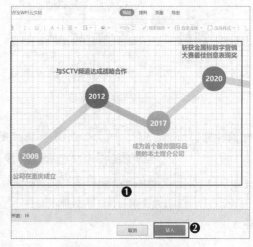

图2-48　设置图形样式　　　　　　　　　图2-49　修改标题文本框文本

（6）制作的流程图将以图片的形式插入文档中。

（三）插入与编辑表格

公司的发展目标、经营数据等内容适合以表格的形式进行展示，用户可以使用 WPS 文字的表

格功能快速制作出需要的表格。下面为"公司介绍"文档插入表格，并对表格
进行编辑。具体操作如下。

（1）将文本插入点定位到"六、公司目标"上一空白行中，单击"插入"
选项卡中的"表格"按钮⊞，在弹出的下拉列表中通过拖曳鼠标选择8行3列的
表格，如图2-50所示。

（2）在插入的表格单元格中输入相应的数据后，选择表格第1行，单击
"表格工具"选项卡中的"合并单元格"按钮⊞，如图2-51所示，将所选单元格合并为一个大单
元格。

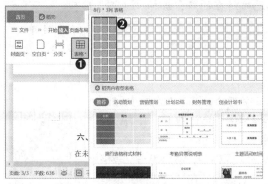

图 2-50　选择表格行列数

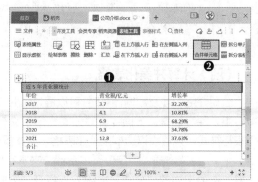

图 2-51　合并单元格

知识补充　　　　　　　　　　　**拆分单元格**

选择需要拆分的单元格，单击"表格工具"选项卡中的"拆分表格"
按钮⊞，打开"拆分表格"对话框，在其中设置拆分的行数和列数，单击
确定按钮，可将选择的单元格拆分为指定的行数和列数。

（3）保持表格第1行的选择状态，在"表格工具"选项卡中将字号设置为"小二"，再单击
"加粗"按钮**B**加粗文本，接着继续设置表格中其他单元格文本的字体格式。

（4）全选表格，单击"表格工具"选项卡中"对齐方式"按钮▤下方的下拉按钮，在弹出的
下拉列表中选择"水平居中"选项，如图2-52所示。

（5）将鼠标指针移动到表格第1行和第2行的分隔线上，当鼠标指针变成➡形状时，向下拖曳
以调整单元格的行高，如图2-53所示。

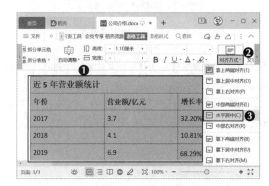

图 2-52　设置对齐方式

图 2-53　调整行高

知识补充 　　　　　　　　　　**添加与删除表格行或列**

　　选择某个单元格，单击"表格工具"选项卡中的"在上方插入行"按钮，将在所选单元格上方插入一行；单击"在下方插入行"按钮，将在所选单元格下方插入一行；单击"在左侧插入列"按钮，将在所选单元格左侧插入一列；单击"在右侧插入列"按钮，将在所选单元格右侧插入一列。单击"删除"按钮，在弹出的下拉列表中选择"单元格"选项，将执行删除单元格操作；选择"列"选项，将删除所选单元格所在的列；选择"行"选项，将删除所选单元格所在的行；选择"表格"选项，将删除整个表格。

（四）计算并美化表格

　　公司介绍中涉及数据计算时，可以通过WPS文字的公式功能对数据进行加、减、乘、除等运算。下面计算"公司介绍"文档表格中的合计数据，并通过应用表格样式、设置表格边框来美化表格。具体操作如下。

微课视频

计算并美化表格

　　（1）将文本插入点定位至"合计"文本右侧的单元格中，然后单击"表格工具"选项卡中的"公式"按钮 *fx*，打开"公式"对话框，在"公式"文本框中自动生成求和公式，接着在"数字格式"下拉列表框中选择"0.00"选项，最后单击 确定 按钮计算出结果，如图2-54所示。

　　（2）选择除表格第1行外的所有行，单击"表格样式"选项卡中的样式列表框右侧的▽按钮，在弹出的下拉列表中单击"浅色系"选项卡，在该选项卡中选择"浅色样式2，强调1"选项，如图2-55所示。

图2-54　计算数据

图2-55　选择表格样式

　　（3）保持单元格区域的选择状态，单击"表格样式"选项卡中"边框"按钮田右侧的下拉按钮，在弹出的下拉列表中选择"边框和底纹"选项，如图2-56所示。

　　（4）打开"边框和底纹"对话框，单击"边框"选项卡，单击"预览"栏中的田按钮，为单元格添加中线，然后单击 确定 按钮，如图2-57所示。

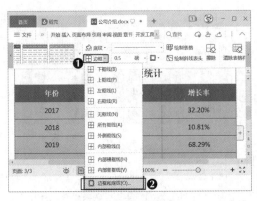

图 2-56 选择"边框和底纹"选项

图 2-57 设置边框

知识补充   **设置单元格底纹**

在"边框和底纹"对话框中单击"底纹"选项卡,在其中对底纹颜色或图案进行设置,完成后单击 确定 按钮,可为选择的单元格添加底纹效果。

（5）单击"表格样式"选项卡中的"擦除"按钮🖾,如图2-58所示。

（6）此时,鼠标指针将变成✐形状,双击标题行上方的边框线,即可删除边框线,然后使用相同的方法继续删除其他边框线,如图2-59所示。

图 2-58 单击"擦除"按钮

图 2-59 删除边框线

（五）插入与编辑图表

图表能够直观地展示公司的信息。下面为"公司介绍"文档插入需要的图表,并对其进行编辑。具体操作如下。

（1）将文本插入点定位到表格下方,单击"插入"选项卡中的"图表"按钮📊。

（2）打开"图表"对话框,在左侧单击"组合图"选项卡,单击选中"系列3"对应的"次坐标轴"复选框,再单击 插入预设图表 按钮,如图2-60所示。

（3）选择图表,单击"图表工具"选项卡中的"编辑数据"按钮📝,如图2-61所示。

微课视频

插入与编辑图表

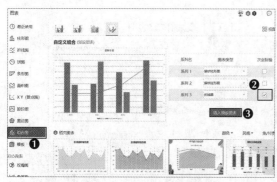

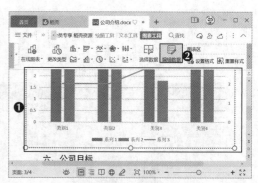

图 2-60　选择图表　　　　　　　　　　　　图 2-61　单击"编辑数据"按钮

（4）打开"WPS文字中的图表"窗口，在其中输入图表数据。输入完成后，拖曳数据区域右下角的彩色框线，调整图表中的数据区域，然后单击"关闭"按钮 ✕ 关闭该窗口，如图2-62所示。

（5）图表随着数据的变形形成了柱形图，选择图表，单击"图表工具"选项卡中的"更改类型"按钮 ，如图2-63所示。

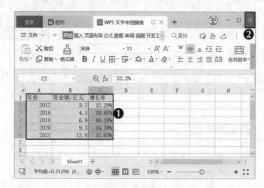

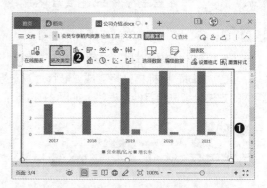

图 2-62　输入图表展示的数据　　　　　　　图 2-63　单击"更改类型"按钮

知识补充　　　　　　　　　　　　　　**选择数据源**

　　　在输入图表数据时，如果不方便对图表数据区域进行调整，则可在文档中选择图表，单击"图表工具"选项卡中的"选择数据"按钮 ，打开"WPS文字中的图表"窗口，并自动打开"编辑数据源"对话框，在"图表数据区域"参数框中输入数据所在的单元格区域，再单击 确定 按钮即可。

（6）打开"更改图表类型"对话框，在左侧单击"组合图"选项卡，在该选项卡中的"增长率"下拉列表框中选择"带数据标记的折线图"选项，然后单击 插入预设图表 按钮，如图2-64所示。

（7）选择图表标题，将其更改为"近5年营销数据分析"。选择图表，在"图表工具"选项卡中的图表样式列表框中选择第4种样式，如图2-65所示。

（8）选择图表，单击"图表工具"选项卡中的"添加元素"按钮 ，在弹出的下拉列表中选择"轴标题"选项，在弹出的子列表中选择"主要纵向坐标轴"选项，如图2-66所示。

（9）为图表添加纵向坐标轴标题，将标题更改为"单位/亿元"，然后保持图表的选择状态，继续在"添加元素"下拉列表中选择"数据标签"选项，在弹出的子列表中选择"数据标签外"选项，如图2-67所示。

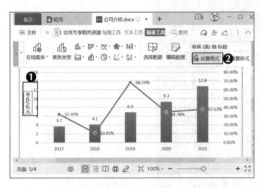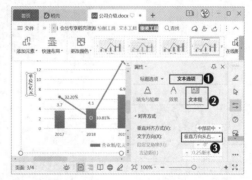

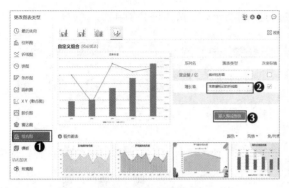

图 2-64　更改图表类型

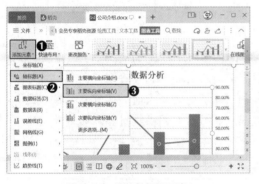

图 2-66　添加轴标题元素

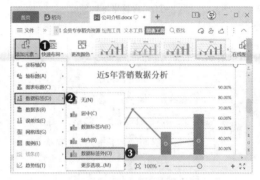

图 2-67　添加数据标签

（10）在图表中选择纵向坐标轴标题，单击"图表工具"选项卡中的"设置格式"按钮，如图2-68所示。

（11）打开"属性"任务窗格，单击"文本选项"选项卡，单击"文本框"按钮，在"对齐方式"栏中的"文字方向"下拉列表框中选择"垂直方向从右往左"选项，让坐标轴标题垂直显示，如图2-69所示。

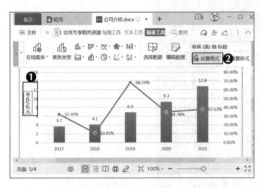

图 2-68　单击"设置格式"按钮

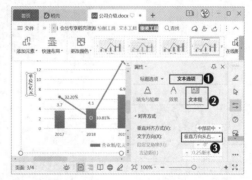

图 2-69　设置纵坐标轴标题

（12）选择纵坐标轴，在"属性"任务窗格中单击"坐标轴选项"选项卡，单击"坐标轴"按钮，在"边界"栏中的"最大值"文本框中输入"16"，调整纵坐标轴的刻度，如图2-70所示。

（13）使用同样的方法将右侧百分比纵坐标轴的刻度最大值设置为0.8，然后关闭任务窗格，返回文档后可查看文档中图表编辑后的效果，如图2-71所示，完成本任务的制作。

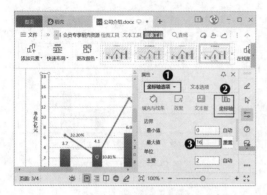

图 2-70　设置坐标轴刻度

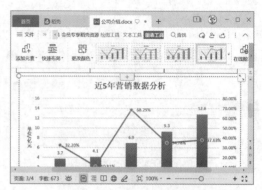

图 2-71　编辑后的图表效果

知识补充　　　　　　　　　　　**将图表另存为模板**

　　对于制作好的图表，用户可以将其另存为模板，保存到"图表"对话框的"模板"选项卡中，下次制作相同或类似的图表时，就可直接在"图表"对话框的"模板"选项卡中选择，然后再对图表进行相应的更改，这样可以提高图表的制作效率。

实训一　制作"春分"节气海报文档

【实训要求】

　　节气海报根据我国传统的二十四节气制作而成，要求图片和文字都要与当前的节气相关，而且整体效果要美观、舒适，且要突出重要内容。制作完成后的效果如图 2-72 所示。

图 2-72　"春分"节气海报文档

素材所在位置	素材文件\项目二\春分\
效果所在位置	效果文件\项目二\春分.wps

【实训思路】

二十四节气分为立春、雨水、惊蛰、春分、清明、谷雨、立夏、小满、芒种、夏至、小暑、大暑、立秋、处暑、白露、秋分、寒露、霜降、立冬、小雪、大雪、冬至、小寒和大寒，每个节气都有其独特的含义，是中华民族悠久历史文化的重要组成部分。将公司的经营理念与节气相结合制作海报，可以提升公司的品牌形象。

【步骤提示】

要完成本实训，可以先在新建的文档中插入形状、图片和文本框等对象，然后再对其进行编辑。具体步骤如下。

（1）新建并保存"春分.wps"空白文档，绘制一个与页面大小相同的矩形，取消其形状轮廓，并将其颜色填充为渐变色"浅绿-暗橄榄绿渐变"。

（2）在页面中心绘制一个正圆形状，取消其形状轮廓，并将其颜色填充为"白色，背景1"，再为其添加"居中偏移"的阴影效果。

（3）插入"图片1""图片2""图片3"素材图片，并设置图片的大小、位置和叠放顺序。

（4）在正圆形状中添加其他形状和文本框，在其中输入与节气相关的内容，并使用取色器提取颜色以填充形状，接着设置文本的字体、字号和颜色等。

实训二　制作"个人简历"文档

【实训要求】

个人简历就是求职者的名片，一份优秀的个人简历能增加求职成功的概率。个人简历要求简洁大方、内容完整、重点突出。制作完成后的效果如图2-73所示。

图2-73　"个人简历"文档

素材所在位置	素材文件 \ 项目二 \ 个人简历内容 .wps、照片 .png
效果所在位置	效果文件 \ 项目二 \ 个人简历 .wps

【实训思路】

　　个人简历是求职的敲门砖，要想给面试官留下深刻的印象，简历内容和视觉效果要能吸引面试官。个人简历一般包括个人信息、教育背景、工作经历、个人技能、所得奖项以及自我介绍等板块。在制作个人简历时，一定要注意内容条理清晰、主次分明、避免低级错误。

【步骤提示】

　　本实训主要的操作包括设置形状、图片、图标、文本框等对象。具体步骤如下。

　　（1）新建并保存"个人简历.wps"文档，在文档中插入矩形、直线等形状，并对插入形状的轮廓和填充颜色进行设置。

　　（2）插入需要的图片和图标，并对图片的边框进行设置，然后再设置图标的大小、位置、填充颜色等。

　　（3）插入文本框，输入"个人简历"文档中的相关文本，并对文本格式进行设置。

课后练习

　　本项目主要介绍了图片、形状、艺术字、文本框、二维码、表格、智能图形、流程图和图表等对象的插入与编辑方法。本项目的学习重点在于快速设置插入的对象，从而制作出符合使用要求的图文混排类文档。

练习1：制作"名片"文档

　　本练习要求通过插入与编辑形状、图片、文本框、二维码等操作制作"名片"文档。参考效果如图 2-74 所示。

素材所在位置	素材文件 \ 项目二 \ Logo.png
效果所在位置	效果文件 \ 项目二 \ 名片 .wps

图 2-74　"名片"文档

操作要求如下。

- 新建并保存"名片.wps"文档，将纸张大小设置为"9.4×5.8"，然后插入矩形、直线和正圆等形状，并对形状的轮廓、填充颜色和效果等进行设置。
- 插入图片和文本框，并对图片和文本框的大小、位置等进行设置。
- 插入制作的二维码，将其调整到合适的大小和位置。

练习2：制作"会议纪要"文档

本练习将用表格制作"会议纪要"文档。参考效果如图2-75所示。

 效果所在位置　效果文件\项目二\会议纪要.wps

会议名称	如何完善公司管理		
会议主题	根据公司当前存在的问题，讨论应如何完善公司管理		
会议时间	2022年2月18日10:00-11:00	记录人	王敏
会议地点	公司18楼总经理办公室	主持人	张浩杰
参会人员	赵世云（总经理）、李文强（副总经理）、荀雯雯（行政经理）、王媛（人事经理）、姜阳（生产经理）、王敏、张浩杰		
会议主要内容	1. 技术部开展车间人员的培训工作，挑选出技术熟练的员工进行调试培训，解决外出调试人员不足的问题。 2. 要求出差调试人员及时向领导及技术人员汇报外出调试出现的技术问题，以减少类似问题的发生。 3. 建立健全生产制度，规范领料，减少非生产消耗。 4. 部门负责人应加强沟通，衔接好生产过程中的各个环节。使 5. 要重视企业文化的建设。		
抄送	公司各部门		

图2-75　"会议纪要"文档

操作要求如下。

- 新建并保存"会议纪要.wps"文档，插入一个8行4列的表格，在表格中输入相应的文本，并根据需要对单元格进行合并操作。
- 设置表格中文本的字体格式、段落格式、对齐方式和文字方向，并对单元格行高和列宽进行调整。
- 删除表格标题所在单元格的上边框、左边框和右边框，并在"视图"选项卡中取消选中"表格虚框"复选框，取消表格的虚线框。

技巧提升

1. 在文档中插入思维导图

思维导图可以帮助用户快速、清晰地梳理逻辑、整理思维。在文档中插入思维导图的方法如下。单击"插入"选项卡中的"思维导图"按钮，系统将开始加载思维导图，然后打开"思维

导图"对话框，如图2-76所示。其中显示了多种思维导图模板，选择需要的思维导图模板，单击
$立即使用按钮，将打开"思维导图编辑"对话框，在其中可根据需要对思维导图进行编辑，完成后
单击 插入 按钮，如图2-77所示。完成后，即可将制作的思维导图以图片的形式插入文档。另外，
双击思维导图图片，可以再次打开"思维导图编辑"对话框，再次编辑思维导图。

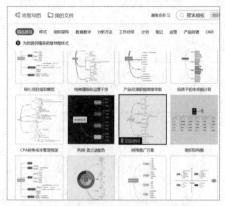

图 2-76 "思维导图"对话框

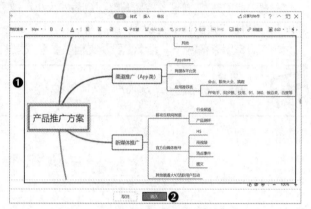

图 2-77 编辑思维导图

2. 使用简历助手制作简历

WPS文字中为WPS会员提供了简历助手功能，可以帮助用户快速制作出高水平的简历。使用
简历助手制作简历的方法如下。单击"会员专享"选项卡中的"简历助手"按钮，打开"简历助
手"窗口，在左侧显示了简历的各个板块，用户对各板块的内容进行编辑；在右侧可以对简历的布
局、模板等进行设置，设置完成后单击 生成简历 按钮，打开"生成简历"对话框，对文档类型、文档
名称、文档位置等进行设置，单击 生成为文档 按钮。

3. 制作产品条形码

现在很多产品都有条形码，消费者可以通过条形码了解产品的各种信息，如生产日期、商品
名称、制造商等，从而保护自身各项权益。在WPS文字中制作产品条形码的方法如下。单击"插
入"选项卡中的"更多"按钮 •••，在弹出的下拉列表中选择"条形码"选项，打开"插入条形
码"对话框，选择编码类型，输入对应的条形编码，然后对制作的条形码效果进行查看，确认无误
后单击 插入 按钮，该条形码将以图片的形式插入文档。若双击条形码图片，则可以打开"插入条
形码"对话框，再次对其进行编辑。

4. 在文档中插入其他文件

如果需要在文档中插入其他文件或文件中的内容，可以通过WPS文字提供的附件和对象功能
来实现。插入后的附件和对象都可以进行编辑，只是显示方式会有所不同。

- **插入附件：** 单击"插入"选项卡中的"附件"按钮，打开"插入附件"对话框，选择需
  要插入的文件，单击 打开(O) 按钮，打开"选择附件插入方式"对话框，在其中选择附件的插
  入方式，单击 确定 按钮，如图2-78所示，系统将在文档中插入选择的附件。
- **插入对象：** 单击"插入"选项卡中的"对象"按钮，打开"插入对象"对话框，单击
  选中"由文件创建"单选项，单击 浏览(B)... 按钮，打开"浏览"对话框，在其中选择需要插
  入的文件后，单击 打开(O) 按钮，返回"插入对象"对话框，在"文件"文本框中显示了
  文件的保存路径，然后单击 确定 按钮，如图2-79所示，所选文件的内容将插入文
  档中。

图 2-78　选择附件插入方式

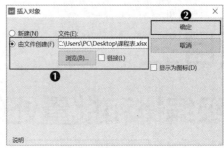

图 2-79　插入对象

5. 绘制斜线表头

在日常工作中，经常需要在文档中制作多表头内容的表格，此时就需要通过绘制斜线表头来分隔表头内容。绘制斜线表头的方法是：在表格中选择需要插入斜线表头的单元格，单击"表格样式"选项卡中的"绘制斜线表头"按钮，打开"斜线单元格类型"对话框，选择需要的斜线表头样式后，单击 确定 按钮即可。

6. 排序表格数据

对于表格中的内容，用户可以通过"排序"对话框进行排序。排序表格数据的方法是：选择表格，单击"表格工具"选项卡中的"排序"按钮，打开"排序"对话框，在"主要关键字"栏中设置排序字段、排序类型、排序方式等，如果要设置多条件排序，则可对次要关键字和第三关键字进行设置，完成后单击 确定 按钮，系统将按照所设置的排序条件对表格内容进行排序。

项目三
高级编排和批量处理 WPS 文档

情景导入

米拉进入公司已经一周多了，在这期间，她接触了很多办公文档，也了解了一些常用的办公文档的制作方法，她在制作长文档和一些特殊文档的过程中遇到了一些小问题。

老洪告诉米拉，在制作和编辑制度、方案等页数较多的文档时，其结构较多，而且处理起来也较为麻烦，如果一段一段地处理，不仅花费很多时间，而且容易出错，所以可以采用一些高效的编辑方法和批量处理文档，提高文档的编辑效率。另外，文档并不是制作好就行了，还需根据情况对文档内容进行审阅或打印。

老洪看到米拉迫不及待的样子，于是安排她学习高级编排和批量处理WPS文档的方法，希望米拉能提高文档的制作与编辑效率。

学习目标

- 能够熟练编辑长文档
- 能够熟练统一设置文档格式
- 能够根据不同的要求为文档添加页眉、页脚
- 能够批量制作主题内容相同的文档
- 能够审阅并修订文档

素养目标

- 养成良好的文档处理习惯
- 进一步提升文档的整体编排能力
- 意识到提高工作效率的重要性，能够采取合适的方法改进工作方式

任务一　编排"公司规章制度"文档

公司每一年都会根据自身的实际情况、相关决策或政策更新规章制度。由于公司目前的规章制度内容比较陈旧，因此老洪决定让米拉根据公司的要求重新制作一份"公司规章制度"文档，要求文档内容全面、准确，整体结构完整，如必须具备封面、目录、页码等。本任务的参考效果如图3-1所示。

素材所在位置　素材文件\项目三\公司规章制度.wps

效果所在位置　效果文件\项目三\公司规章制度.wps

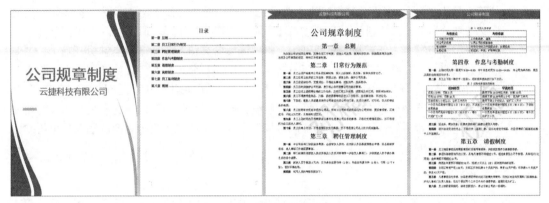

图3-1　"公司规章制度"文档

一、任务描述

（一）任务背景

公司规章制度既是用于规范公司全体员工及公司所有经济活动的标准，又是保障公司规范、有序运行的重要手段，它的建立必须以《中华人民共和国劳动法》为依据。公司规章制度涉及的范围很广，包括公司基本制度、人事管理制度、培训制度、考勤制度、福利制度、生产管理制度、设备管理制度、采购管理制度、保密制度等。在制作公司规章制度文档时，可以根据公司的实际情况来确定规章制度所包含的具体内容。本任务将对已有的"公司规章制度"文档进行编排，使文档格式更加规范、文档结构更加完整。

（二）任务目标

（1）能够使用样式快速统一文档格式。

（2）能够为文档添加合适的封面和目录。

（3）能够为文档添加水印。

（4）能够为文档中的不同内容设置不同的页眉和页脚。

（5）能够为文档中的部分文字添加脚注。

（6）能够为文档中的表格添加题注。

二、相关知识

"公司规章制度"文档是长文档，在编辑长文档时，经常会涉及样式、目录、封面、分隔符、水印、主题、页眉、页脚、题注和标题级别等的设置。下面介绍其中的部分内容。

（一）分隔符的作用

分隔符主要用于分隔文档页面，方便为不同的页面设置不同的版式或格式。在文档中，分隔符的作用主要体现在划分章节、分节、分页3个方面。

- **划分章节：** 在编辑文档时，经常会遇到一些较长且分了章节的文档，若想要文档的每个章节都独立分页显示，则需要使用分隔符中的分页符。虽然使用空格也能够实现划分章节的目的，但效率较低；另外，增减内容后，章节位置可能会发生变化，此时就需要再次编辑。所以，通过分隔符划分章节更方便。
- **分节：** 默认情况下，WPS文字将整个文档视为一节，但在实际编辑过程中，很多时候需要将文档划分为多节，特别是为不同的文档页面添加不同的页眉和页脚时。WPS文字提供了"下一页分节符"（新节从下一页开始）、"连续分节符"（新节从当前页开始）、"偶数页分节符"（在新的偶数页开始下一节）和"奇数页分节符"（在新的奇数页开始下一节）4种分节符，不同的分节符有不同的作用，用户可以根据情况插入合适的分节符。
- **分页：** 当文本或图形等内容填满一页时，系统会自动分页，并开始新的一页，如果需要在某个特定的位置进行分页，则需要使用分隔符中的分页符，使文档内容从插入分页符的位置开始分页。

（二）水印的分类

水印是指在文件中添加某些具有指向意义的文字或图形，以达到鉴别文件真伪、保护版权等功能，其大小、位置等在页眉和页脚的编辑状态下可进行调整。在WPS文字中，水印分为文字水印和图片水印两种。

- **文字水印：** 多用于说明文件的属性，能起到提示文件性质及进行相关说明的作用，如"机密""严禁复制""紧急""尽快""样本""原件"等。
- **图片水印：** 多用于修饰文档，常见的是将公司Logo设置为图片水印，这样既可以保护文档版权，又能起到宣传推广的作用。

（三）主题和样式的区别

编排文档内容时，经常会使用主题和样式来统一文档效果和设置文档格式，其中：主题用于更改文档的主体效果，包括字体方案、颜色方案和图形效果等，针对的是整个文档；样式是字体格式、段落格式、项目符号和编号、边框和底纹等多种格式的集合，可以应用于指定的段落中，当修改样式后，应用样式的段落格式将自动发生变化，这是快速更改文本格式的有效工具。

（四）题注的作用

题注是指为插入的图表、表格、公式等对象添加一个标签，当增加或减少添加题注的对象后，题注编号会自动发生变化。题注的作用主要体现在以下两点。

- **题注编号自动更新：** 当文档中图片、表格等对象的数量和位置发生变化时，题注编号将自动更新，这样可以减少手动修改造成的错误。
- **方便生成目录：** 为对象插入题注后，用户可以通过WPS文字提供的插入表目录功能快速为图片、表格、图表和公式等含题注的对象生成目录，并通过目录快速定位对象所在的位置。

（五）标题级别设置

标题级别是提取目录的关键，如果需要提取的标题没有设置段落级别或者应用标题样式，就不能成功将目录提取出来。在 WPS 文字中设置标题级别时，既可以通过"段落"对话框设置，也可以通过"大纲"视图设置。

- **通过"段落"对话框设置：**选择需要设置标题级别的段落，打开"段落"对话框，在"大纲级别"下拉列表框中选择标题级别，然后单击 确定 按钮。
- **通过"大纲"视图设置：**单击"视图"选项卡中的"大纲"按钮，进入大纲视图，将文本插入点定位到需要设置标题级别的段落中，单击"大纲级别"下拉按钮，在弹出的下拉列表中选择需要的级别，如图3-2所示。另外，在"显示级别"下拉列表框中选择需要显示的级别后，大纲视图中将只显示相应级别的段落，如图3-3所示。

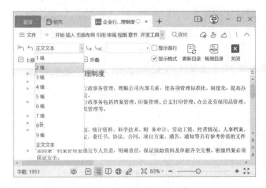
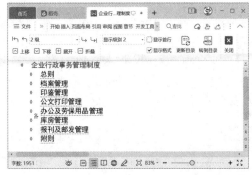

图 3-2 设置大纲级别　　　　　　　　　　图 3-3 设置显示级别

三、任务实施

（一）应用样式统一格式

"公司规章制度"文档中有大量的文字，可以为这些文字应用 WPS 文字中内置的一些样式，若这些样式不能满足需要，还可以修改样式或新建样式。具体操作如下。

（1）打开"公司规章制度.wps"文档，将文本插入点定位到"公司规章制度"标题文本中，在"开始"选项卡中的样式列表框中选择"标题1"选项，右击"标题1"选项，在弹出的快捷菜单中选择"修改样式"命令，如图3-4所示。

（2）打开"修改样式"对话框，在"字号"下拉列表框中选择"小初"选项，单击"居中"按钮，再单击 确定 按钮，如图3-5所示。

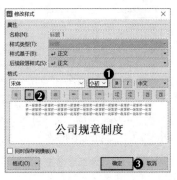

图 3-4 应用内置样式　　　　　　　　　　图 3-5 修改样式

（3）选择"总则"文本，在"样式"下拉列表框中选择"新建样式"选项，打开"新建样式"对话框，在"名称"文本框中输入"章节"文本，在"字号"下拉列表框中选择"小一"选项，单击"加粗"按钮 B ，再单击 格式(O) 按钮，在弹出的下拉列表中选择"段落"选项，如图3-6所示。

（4）打开"段落"对话框，单击"缩进和间距"选项卡，在"常规"栏中的"对齐方式"下拉列表框中选择"居中对齐"选项，在"段前"和"段后"数值框中均输入"0.5"，然后单击 确定 按钮，如图3-7所示。

（5）返回"新建样式"对话框，单击 格式(O) 按钮，在弹出的下拉列表中选择"编号"选项，打开"项目符号和编号"对话框，单击"编号"选项卡，在该选项卡下方的列表框中选择所需的样式，然后单击 自定义(T) 按钮，如图3-8所示。

图 3-6　新建样式　　　　　　图 3-7　设置样式段落格式　　　　　图 3-8　设置编号样式

（6）打开"自定义编号列表"对话框，在"编号格式"文本框中的带圈数字前输入"第"文本，在带圈数字后输入"章"文本和两个空格，然后单击 确定 按钮，如图3-9所示。

（7）返回"新建样式"对话框，单击 确定 按钮，将新建的"章节"样式应用于"总则"文本中，然后为同级别的段落应用"章节"样式。效果如图3-10所示。

图 3-9　设置编号格式　　　　　　　图 3-10　应用"章节"样式

（8）使用相同的方法新建"条款"样式，并将其应用到文档的相应段落中。

（9）将文本插入点定位到"第十一条"，右击，在弹出的快捷菜单中选择"重新开始编号"命令，如图3-11所示，系统将重新从第一条开始编号。

（10）使用相同的方法继续对各章节进行重新编号，效果如图3-12所示。

图 3-11　设置编号值

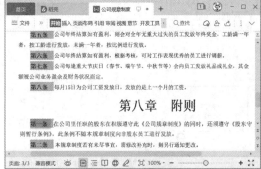

图 3-12　编号效果

（11）设置"总则"下的正文段落首行缩进两个字符。

（二）插入封面和目录

为"公司规章制度"文档添加封面和目录，可使文档更为美观，也便于查看文档内容。具体操作如下。

（1）单击"插入"选项卡中的"封面页"按钮，在弹出的下拉列表中选择"预设封面页"栏中的第4种封面样式，如图3-13所示。

（2）系统将在文档首页插入选择的封面样式。删除封面中多余的文本框，接着选择封面，单击"图片工具"选项卡中的"色彩"按钮，在弹出的下拉列表中选择"灰度"选项，向右拖曳图片，使图片左侧与页面左侧重叠，然后修改文本框中的文本，并对文本的字体和颜色进行设置，效果如图3-14所示。

图 3-13　选择封面样式

图 3-14　封面编辑效果

（3）将文本插入点定位到"公司规章制度"标题文本前，单击"引用"选项卡中的"目录"按钮，在弹出的下拉列表中选择"智能目录"栏中的第2种目录样式，如图3-15所示。

（4）打开"提示"对话框，单击 是(Y) 按钮，系统将在文本插入点处插入目录，并且自动打开"目录"导航窗格。

（5）在目录中选择"公司规章制度"所在行，按【Delete】键将其删除，然后选择"目录"文本，设置其字号为"小一"，再单击"加粗"按钮**B**加粗文本。

（6）选择目录内容，将其字号设置为"小三"，如图3-16所示。

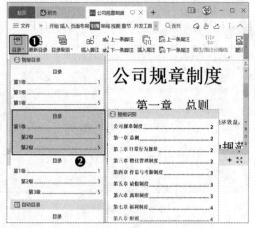

图 3-15　选择目录样式

图 3-16　设置目录格式

知识补充　　　　　　　　　　**自定义目录**

　　单击"引用"选项卡中的"目录"按钮，在弹出的下拉列表中选择"自定义目录"选项，打开"目录"对话框，在其中对制表符前导符、显示级别、页码、对齐方式和超链接等进行设置后，单击 选项(O)... 按钮，打开"目录选项"对话框，对要提取样式对应的目录级别进行设置，完成后依次单击 确定 按钮。

（7）将文本插入点定位到"公司规章制度"标题文本前，单击"插入"选项卡中的"分页"按钮，在弹出的下拉列表中选择"分页符"选项，如图3-17所示。

（8）系统将在文本插入点处插入分页符，且文本插入点后面的内容将在下一页显示，效果如图3-18所示。

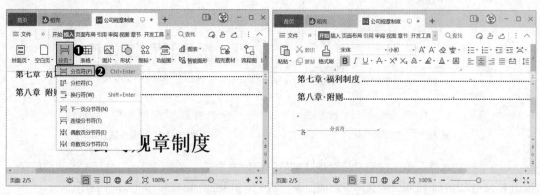

图 3-17　选择分页符　　　　　　　　　　图 3-18　分页效果

（三）添加水印

"公司规章制度"文档是公司内部文件，为了避免他人随意使用，可以设置水印。下面为"公司规章制度"文档自定义水印。具体操作如下。

添加页面水印

（1）将文本插入点定位至第3页的任意段落中，单击"插入"选项卡中的"水印"按钮⊜，在弹出的下拉列表中单击"点击添加"按钮✛，如图3-19所示。

（2）打开"水印"对话框，单击选中"文字水印"复选框，在"内容"下拉列表框中输入"初稿"，在"字体"下拉列表框中选择"方正兰亭黑简体"选项，在"字号"下拉列表框中选择"144"选项，在"颜色"下拉列表框中选择"白色，背景1，深色5%"选项，在"版式"下拉列表框中选择"倾斜"选项，在"透明度"数值框中输入"20"，然后单击 确定 按钮，如图3-20所示。

图 3-19　单击"点击添加"按钮

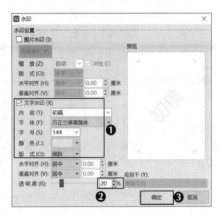

图 3-20　添加文字水印

（3）再次单击"水印"按钮⊜，在弹出的下拉列表中的"自定义水印"栏中将显示自定义的文字水印，然后在其上单击鼠标右键，在弹出的快捷菜单中选择"应用于本节"选项，即可为文档的正文部分添加水印。

知识补充　　　　　　　　**为文档某节添加水印**

　　　如果文档设置了分节，还可以只为某节单独添加水印。为文档某节添加水印的方法是：将文本插入点定位到需要添加水印的节中，单击"水印"按钮⊜，在弹出的下拉列表中右击需要添加的水印，在弹出的快捷菜单中选择"应用于本节"选项。

（四）自定义页眉和页脚

为了增加"公司规章制度"文档的辨识度，可以在页眉、页脚中添加公司名称，同时设置页码。具体操作如下。

自定义页眉和页脚

（1）单击"插入"选项卡中的"页眉页脚"按钮🖺，进入页眉页脚编辑状态。

（2）将文本插入点定位到第2节的页眉处，单击"页眉页脚"选项卡中的"页眉页脚选项"按钮🖉，如图3-21所示。

（3）打开"页眉/页脚设置"对话框，单击选中"首页不同"和"奇偶页不同"复选框，再取消选中"奇数页页眉同前节"和"奇数页页脚同前节"复选框，然后单击 确定 按钮，如图3-22所示。

图3-21　单击"页眉页脚选项"按钮　　　　图3-22　"页眉/页脚设置"对话框

知识补充　　　　　　　　　　　断开链接

默认情况下，不同节中的页眉或页脚都与前一节中的页眉或页脚相关联，如果要为文档中不同的节设置不同的页眉或页脚，就需要在添加页眉或页脚之前断开节与节之间的页眉或页脚链接，以分开设置页眉或页脚。

（4）在第2节奇数页页眉中绘制一个"燕尾形"形状，取消其形状轮廓，并将形状颜色填充为"黑色，文本1，浅色50%"。

（5）在形状中输入"云捷科技有限公司"文本，并在"文本工具"选项卡中将字体设置为"方正兰亭黑简体"，字号设置为"三号"，如图3-23所示。

（6）将文本插入点定位到第2页奇数页页脚处，单击"页眉页脚"选项卡中的"页码"按钮，在弹出的下拉列表中选择"预设样式"栏中的"页脚中间"选项，如图3-24所示。

图3-23　设置奇数页页眉　　　　　　　图3-24　选择页码样式

（7）将文本插入点定位到第2节首页的页脚（目录页页脚）处，单击页码上方出现的 ×删除页码 按钮，在弹出的下拉列表中选择"本页"选项删除本页的页码，如图3-25所示。

（8）将文本插入点定位到第3节奇数页页脚处，单击 ▤ 重新编号·按钮，在弹出的数值框中输入页码起始值"1"，如图3-26所示，然后按【Enter】键确认更改页码起始值。

图 3-25　删除页码

图 3-26　设置页码起始值

（9）选择更改的页码，将其字体格式设置为"小三"，并在页码下方绘制一条直线，将直线颜色设置为"黑色，文本1，浅色50%"，直线粗细设置为"4.5磅"。

（10）将文本插入点定位至第3节奇数页页脚处，在"页眉页脚"选项卡中的"页脚底端距离"数值框中输入"1.40厘米"，调整页脚距离页面底端的距离，如图3-27所示。

（11）使用设置奇数页页眉和页码的方法设置偶数页页眉和页码。设置完成后单击"页眉页脚"选项卡中的"关闭"按钮⊠，如图3-28所示，退出页眉页脚编辑状态，返回普通视图。

图 3-27　调整页脚到页面底端的距离

图 3-28　退出页眉页脚编辑状态

（五）插入脚注

脚注一般位于页面底部，用于说明文档中的某处内容。下面为"公司规章制度"文档设置脚注。具体操作如下。

（1）选择第5页中的"考核"文本，单击"引用"选项卡中的"插入脚注"按钮 ab，如图3-29所示。

（2）文本插入点将自动定位到所选文本所在页面的底端，输入脚注信息后，使用相同的方法为其他内容插入脚注，如图3-30所示。

微课视频

插入脚注

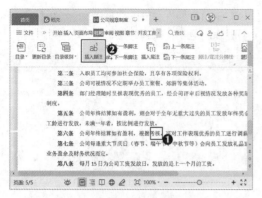

图 3-29 单击"插入脚注"按钮

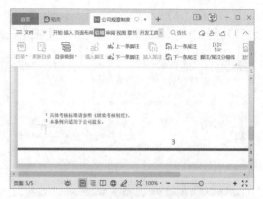

图 3-30 插入脚注后的效果

知识补充　　　　　　　　　　　　**插入尾注**

尾注一般位于文档的末尾，用于列出引文的出处，通常以"i、ii、iii……"编号标识。其设置方法是：选择文本，单击"引用"选项卡中的"插入尾注"按钮，文本插入点自动定位到文档所有内容的后面，输入尾注信息即可。

（六）为表格插入题注

"公司规章制度"文档中有部分表格，为了更好地管理和查找这些表格，可以添加题注。具体操作如下。

微课视频

为表格插入题注

（1）将文本插入点定位至第一个表格的上方，然后按【Enter】键增加空行，使该表格的内容全部显示在一页中。选择该表格，单击"引用"选项卡中的"题注"按钮，打开"题注"对话框，在"标签"下拉列表框中将自动选择"表"选项，在"位置"下拉列表框中选择"所选项目上方"选项，在"题注"文本框中的标签和编号后面输入"表1　试用人员考核"文本，最后单击 确定 按钮，如图3-31所示。

（2）系统将在表格上方添加设置好的题注。选择题注，单击"开始"选项卡中的"居中"按钮，使题注居中对齐，如图3-32所示。

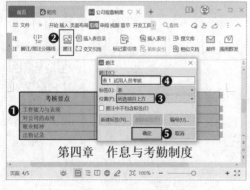

图 3-31 设置题注

图 3-32 设置题注对齐方式

（3）使用相同的方法为"第四章　作息与考勤制度"下的表格添加题注。

（七）更新目录

完成"公司规章制度"文档的以上设置后，文档各部分页码可能发生变化，需要更新目录。具体操作如下。

微课视频
更新目录

（1）选择目录，单击"引用"选项卡中的"更新目录"按钮 ，打开"更新目录"对话框，保持默认设置后，单击 确定 按钮，如图3-33所示。

（2）目录的页码将根据文档当前的页码更新，效果如图3-34所示。

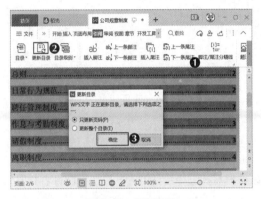

图3-33　更新目录

图3-34　目录更新后的效果

任务二　批量制作"邀请函"文档

距离公司春季发布会还剩一个月，老洪在一项一项地确认活动的相关工作。经检查，老洪发现没有给来参加发布会的VIP客户发送邀请函，于是他安排米拉马上制作邀请函文档，并告诉米拉可以在WPS文字中批量制作，以提高效率。本任务的参考效果如图3-35所示。

素材所在位置　素材文件 \ 项目三 \ 邀请函 .wps、VIP 客户资料 .txt

效果所在位置　效果文件 \ 项目三 \ 邀请函 .wps、邀请函批量 .wps

图3-35　"邀请函"文档

一、任务描述

（一）任务背景

邀请函是商务活动主办方为了郑重邀请重要对象参加活动而制作的一种书面函件，它反映了商务活动中的人际交往关系，对公司发展至关重要。一份好的邀请函，可以提高公司在被邀请人心中的地位。因此，在制作邀请函时，可以根据商务活动的目的制作具有公司文化特色的邀请函。

（二）任务目标

（1）能够正确将主文档与数据源关联起来。
（2）能够根据需要合并文档。

二、相关知识

在 WPS 文字中可以通过邮件合并功能批量制作"邀请函"文档，使用该功能需要掌握邮件合并方式，以及合并域与 Next 域的区别等知识。

（一）邮件合并方式

WPS 文字提供了多种文档合并方式，用户可以根据需要选择合适的方式来执行邮件合并操作，各合并方式分别介绍如下。

- **合并到新文档：** 将合并内容输出到新文档中，且每条数据单独显示在一页。
- **合并到打印机：** 将合并内容输出到打印机中进行打印。选择这种合并方式时，需要确保合并内容无误。
- **合并到不同的新文档：** 将合并内容按照收件人列表输出到不同的文档中，即每一个收件人自成一个单独的文档。
- **合并发送：** 将合并内容通过电子邮件或微信批量发送。

（二）合并域与 Next 域的区别

在邮件合并主控文档中既可以插入合并域，也可以插入 Next 域。其中，合并域是指插入收件人列表中的域，也就是收件人列表中的字段，只有插入合并域后，才能将主控文档中需要变化的内容与收件人列表中的数据关联起来，从而实现批量制作。执行邮件合并操作后，每一条记录单独显示在一页，当需要在同一页中显示多条记录时，就需要插入 Next 域来解决邮件合并中的换页问题，如果一页中要显示 n 行，则需要插入 $n-1$ 个 Next 域。

总之，使用邮件合并功能批量制作文档时，可以有 Next 域，也可以没有 Next 域，但不能没有合并域。

三、任务实施

（一）打开数据源

微课视频

"邀请函"文档的数据可能来源于不同的途径，WPS文字支持多种格式的数据源，用户可以直接打开并引用数据源。具体操作如下。

（1）打开"邀请函.wps"文档，单击"引用"选项卡中的"邮件"按钮✉。

打开数据源

（2）激活"邮件合并"选项卡，单击功能区中的"打开数据源"按钮 🗒，如图3-36所示。

（3）打开"选取数据源"对话框，在"位置"下拉列表框中选择数据源的保存位置，在中间的列表框中选择"重要客户资料.txt"文件选项，然后单击 打开(O) 按钮，如图3-37所示。

（4）打开"域名记录定界符"对话框，保持默认设置后，单击 确定 按钮，即可在文档中打开该数据源。

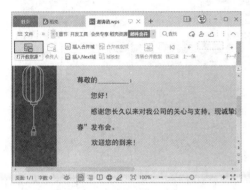

图3-36　单击"打开数据源"按钮

图3-37　选取数据源

知识补充　　　　　　　　　　打开数据源

如果数据源中的数据没有存放在表格中，那么打开数据源后，用户需要在打开的"域名记录定界符"对话框中根据实际情况选择域定界符和记录定界符；若选择的域定界符和记录定界符不符，则会弹出提示框，另外，域定界符和记录定界符不能相同。如果数据源存放在表格中，那么打开数据源后，将会打开"选择表格"对话框，用户可在其中选择数据存放的工作表。

（二）选择收件人

获取"邀请函"文档的数据源后，需要将数据源中的部分数据与邮件合并的主控文档关联在一起，即对邮件合并收件人进行设置。具体操作如下。

（1）单击"邮件合并"选项卡中的"收件人"按钮 🗐，如图3-38所示。

（2）打开"邮件合并收件人"对话框，在"收件人列表"列表框中选择收件人，取消选中不需要发送邀请函人员前面的复选框，然后单击 确定 按钮，如图3-39所示。

微课视频
选择收件人

知识补充　　　　　　　　　　刷新收件人列表

当数据源中的数据发生变化时，可以单击"收件人"按钮 🗐，打开"邮件合并收件人"对话框，在其中单击 刷新(R) 按钮，对收件人列表中的数据进行更新。

图 3-38　单击"收件人"按钮

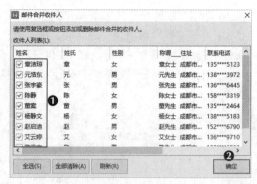

图 3-39　选择收件人

（三）插入合并域

设置好邀请函的收件人后，可以通过插入合并域将邮件合并的主控文档与打开的数据源关联起来，这是批量制作文档的关键。具体操作如下。

（1）将文本插入点定位到"尊敬的"文本后，单击"邮件合并"选项卡中的"插入合并域"按钮，打开"插入域"对话框，在"域"列表框中选择"姓名"选项，然后单击 插入(I) 按钮，如图3-40所示。

（2）单击 关闭 按钮关闭对话框，返回文档后在文本插入点处可查看插入的域，如图3-41所示。

微课视频

插入合并域

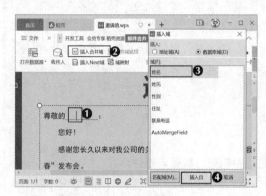

图 3-40　选择域

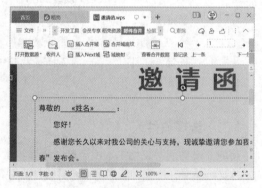

图 3-41　查看插入的域

（3）使用相同的方法插入"称谓"域。

（四）预览合并效果

插入域后，可将合并域转换为收件人列表中的实际数据，以便查看域的显示结果，判断是否符合邀请函的制作需求。具体操作如下。

（1）单击"邮件合并"选项卡中的"查看合并数据"按钮，合并域将显示收件人列表中的第一条记录，如图3-42所示。

（2）单击"下一条"按钮将显示第二条记录，然后继续查看收件人列表中的其他记录，如图3-43所示。

微课视频

预览合并效果

图 3-42 查看合并数据

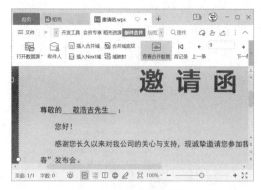

图 3-43 查看其他合并数据

（五）执行邮件合并操作

确认邮件合并内容无误后，就可以根据需要选择合并方式，得到最终的邀请函。具体操作如下。

（1）单击"邮件合并"选项卡中的"合并到新文档"按钮，打开"合并到新文档"对话框，单击选中"全部"单选项，再单击 确定 按钮，如图3-44所示。

（2）系统将新建一个文档，并在文档中显示邮件合并的效果，如图3-45所示，然后将文档保存为"邀请函批量.wps"。

微课视频

执行邮件合并

图 3-44 选择合并方式

图 3-45 邮件合并效果

任务三 审阅和打印"人事考勤制度"文档

随着公司今年人事考勤制度的变化，以往的人事考勤制度需要修改，老洪将这项重要任务交给了米拉，让她根据公司考勤制度的变化对文档内容进行修改和审阅，完成后发给他审阅。本任务的参考效果如图 3-46 所示。

素材所在位置 素材文件 \ 项目三 \ 人事考勤制度 .wps

效果所在位置 效果文件 \ 项目三 \ 人事考勤制度 .wps

图 3-46　"人事考勤制度"文档

一、任务描述

（一）任务背景

人事考勤制度是针对员工考勤所制定的公司内部文件，其可维护公司正常工作秩序，提高办事效率，让员工自觉遵守工作时间和劳动纪律。人事考勤制度没有统一的模板，用户可以根据公司的具体情况来制定，但内容必须符合相关的法律法规，且内容要准确，不要有歧义。

（二）任务目标

（1）能够校对文档内容，并保证文档内容的准确性。
（2）能够按照需求对文档进行保护，以防止他人随意修改文档内容。
（3）能够审阅和修订文档内容，并接受或拒绝他人的修订意见。
（4）能够将制作好的文档打印出来。

二、相关知识

制度类文档通常需要经过多人的审核，审阅后还需要保护文档，保证文档信息不被泄露。

（一）多人协作编辑

在编辑长文档或公司内部文件时，用户可以在 WPS 文字中通过协作和分享两种方法来实现多人协同编辑文档内容。

- **协作：** 打开文档，单击"协作"按钮 ，在弹出的下拉列表中选择"发送至共享文件"选项，打开"发送至共享文件夹"对话框，在其中设置好文件的保存位置后，单击 发送 按钮，将文件发送至共享文件夹中。返回文档，单击 首页 按钮，在其中单击"文档"按钮 ，再单击"共享"按钮 ，在右侧选择需要共同协作的文档，然后单击 邀请成员 按钮，在打开的"邀请成员"对话框中将生成邀请链接（如图3-47所示），单击 复制链接 按钮复制链接，就可以通过微信或QQ等软件将链接发送给邀请人，其他成员打开链接即可编辑此文档。
- **分享：** 单击 ≡ 文件 按钮，在弹出的下拉列表中选择"分享文档"选项，打开"另存云端开启

'分享'"对话框，设置上传位置后，单击 上传到云端 按钮，系统将开始上传文件。上传完成后打开显示文档名称的对话框（如图3-48所示），用户可在其中设置文档权限，并将链接分享给他人。

图 3-47　邀请成员　　　　　　　　　　　　　图 3-48　分享文档

（二）设置修订选项

对于修订文档，系统会有默认的修订颜色和修订符号等，如果对默认的修订颜色、修订符号等不满意，用户可以根据需要自行设置。设置修订选项的方法是：单击"审阅"选项卡中"修订"按钮☑下方的下拉按钮▾，在弹出的下拉列表中选择"修订选项"选项，打开"选项"对话框，在"修订"选项卡右侧对修订的标记、标注框等进行设置，然后单击 确定 按钮。

（三）保护文档

对一些比较重要的文档，用户可以通过执行密码保护、文档权限和限制编辑等操作来保护文档，以防止他人查看或随意更改文档。

- **密码保护：** 单击 ≡文件 按钮，在弹出的下拉列表中选择"文档加密"选项，在弹出的子列表中选择"密码加密"选项，打开"密码加密"对话框，在其中设置打开密码和编辑密码，单击 应用 按钮，然后保存和关闭文档。再次打开文档时，系统就会自动打开"文档已加密"对话框，只有输入正确的密码才能打开文档。
- **文档权限：** 单击"审阅"选项卡中的"文档权限"按钮🔒，打开"文档权限"对话框，单击 ⬤✕ 按钮，打开"账号确认"对话框，单击选中"确认为本人账号，并了解该 功能使用用"复选框，单击 开启保护 按钮，即可对文档进行保存。另外，只有当前账号才能查看或编辑文档。
- **限制编辑：** 单击"审阅"选项卡中的"限制编辑"按钮🔒，打开"限制编辑"任务窗格，在其中设置文档的保护方式，单击 启动保护… 按钮，打开"启动保护"对话框，在其中对保护密码进行设置，设置完成后单击"确定"按钮。再次编辑文档时，只有输入正确的密码才能进行编辑。

三、任务实施

（一）校对文档

使用 WPS 文字的文档校对功能（只有 WPS 会员才能使用）可以对"人事考勤制度"文档

的内容进行校对，以减少文档错误。具体操作如下。

（1）打开"人事考勤制度.wps"文档，单击"审阅"选项卡中的"文档校对"按钮🗒，打开"文档校对"对话框，其中显示了文档名称、页数、字数等信息，然后单击 ▭立即校对▭ 按钮，如图3-49所示。

（2）系统将开始校对文档，并在"文档校对"对话框中显示错误统计，然后单击 ▭开始修改文档▭ 按钮，如图3-50所示。

微课视频

校对文档

图 3-49　执行文档校对操作

图 3-50　查看错误统计

（3）打开"文档校对"任务窗格，在其中详细显示了文档的错误情况，并在文档中标记出第一处错误。在任务窗格列表框中查看所有错误后，单击 ▭替换全部错误▭ 按钮，如图3-51所示。

（4）按照给出的修改建议对全部错误进行修改，修改完成后，"文档校对"任务窗格中将显示修改记录，如图3-52所示。

图 3-51　替换全部错误

图 3-52　修改结果

（二）限制编辑文档

对"人事考勤制度"文档进行限制编辑设置可以限制他人对文档的特定部分进行编辑或修改文档格式等。具体操作如下。

（1）单击"审阅"选项卡中的"限制编辑"按钮🔒，打开"限制编辑"任务窗格，单击选中"限制对选定的样式设置格式"复选框，再单击 ▭设置▭ 按钮，如图3-53所示。

（2）打开"限制格式设置"对话框，单击 ▭全部限制(R) >>▭ 按钮，将"当前允许使用的样式"列表框中的样式添加到"限制使用的样式"列表框中，然后单击 ▭确定▭ 按钮，如图3-54所示。

微课视频

限制编辑文档

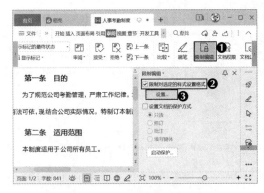

图 3-53 限制设置

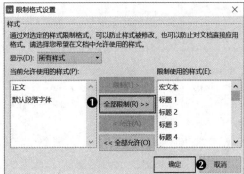

图 3-54 限制格式设置

（3）打开"WPS文字"对话框，单击 否(N) 按钮，表示不删除当前文档中不允许使用的样式。

（4）在"限制编辑"任务窗格中单击选中"设置文档的保护方式"复选框，再单击选中"修订"单选项，然后单击 启动保护... 按钮，打开"启动保护"对话框，在"新密码"和"确认新密码"文本框中均输入"123456"，最后单击 确定 按钮，如图3-55所示。

（5）返回文档后，可以对文档进行修订，但不能对文档格式进行设置，且文档格式设置功能将不能被使用，如图3-56所示。

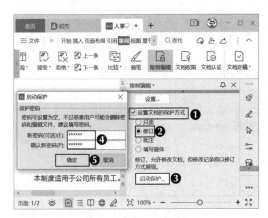

图 3-55 设置保护密码

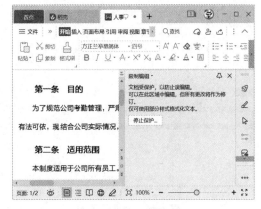

图 3-56 保护后的效果

（三）修订文档

为了保留多人的修订意见，可以通过批注标注修订意见，还可以直接在修订模式下对错误进行修订。具体操作如下。

微课视频

审阅者修订文档

（1）选择文档中的表格，单击"审阅"选项卡中的"插入批注"按钮，如图3-57所示。

（2）系统将在所选表格右侧插入一个批注，根据修改建议在批注框中输入批注内容，如图3-58所示。

（3）使用相同的方法继续为其他部分的文本添加批注。

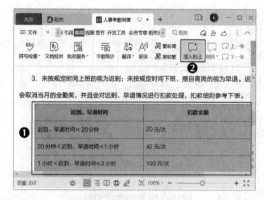

图 3-57　插入批注

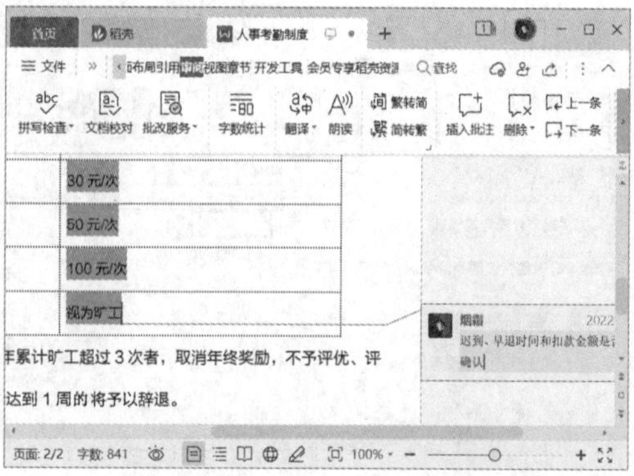

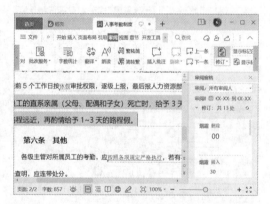

图 3-58　输入批注内容

（4）因为限制编辑时设置了批注，所以该文档会自动处于修订模式，用户在对文档中的错误字、词等进行修改时，系统就会自动为其添加修订标记，如图3-59所示。

（5）继续修订文档中其他错误内容。修订完成后，单击"审阅"选项卡中"审阅"按钮下方的下拉按钮▼，在弹出的下拉列表中选择"审阅窗格"选项，在弹出的子列表中选择"垂直窗格"选项。

（6）文档右侧将出现"审阅窗格"任务窗格，其中显示了文档的修订数量和修订内容，如图3-60所示。

图 3-59　修订标记

图 3-60　查看修订内容

（四）接受/拒绝修订

对审阅者的修订意见，用户可以根据实际情况选择接受或拒绝。具体操作如下。

（1）在"限制编辑"任务窗格中单击 停止保护... 按钮，取消对文档的保护，只有这样才可以对文档执行接受或拒绝修订操作。

（2）单击"审阅"选项卡中的"修订"按钮，退出修订模式。

（3）选择第一条修订记录，单击"审阅"选项卡中"拒绝"按钮下方的下拉按钮▼，在弹出的下拉列表中选择"拒绝所选修订"选项，拒绝审阅者的修改，如图3-61所示。

（4）单击"下一条"按钮，切换到下一条修订记录，然后单击"审阅"选项卡中"接受"按钮下方的下拉按钮▼，在弹出的下拉列表中选择"接受对文档所做的所有修订"选项，如图3-62所示。

微课视频

接受/拒绝审阅者
的修订

图 3-61　拒绝修订

图 3-62　接受所有修订

（5）按照批注修改对应的内容。修改完成后，单击"审阅"选项卡中"删除"按钮□下方的下拉按钮▼，在弹出的下拉列表中选择"删除文档中的所有批注"选项，如图3-63所示。

（6）对部分修订内容的格式进行设置，使其与文档原内容的格式保持一致，如图3-64所示。

图 3-63　删除批注

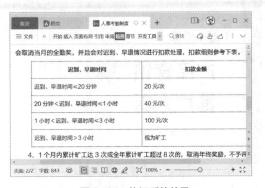

图 3-64　修订后的效果

（五）打印文档

编辑好"人事考勤制度"文档的内容并确认无误后，可以将其打印出来，以便查看和传阅。具体操作如下。

微课视频

打印文档

（1）单击 ☰ 文件 按钮，在弹出的下拉列表中选择"打印"选项，在弹出的子列表中选择"打印预览"选项，如图3-65所示。

（2）打开"打印预览"界面，在"份数"数值框中输入"5"，其他保持默认设置，然后单击"直接打印"按钮🖶开始打印，如图3-66所示。

图 3-65　选择"打印预览"选项

图 3-66　打印设置

实训一　编排"产品营销推广方案"文档

【实训要求】

　　产品在面向市场之前，营销人员需要做好推广工作，而制作产品营销推广方案则是推广产品的第一步。营销推广方案类文档包含的内容较多，且格式要求也较高，更要突出重点内容。编排完成后的效果如图3-67所示。

素材所在位置　素材文件＼项目三＼产品营销推广方案.wps
效果所在位置　效果文件＼项目三＼产品营销推广方案.wps

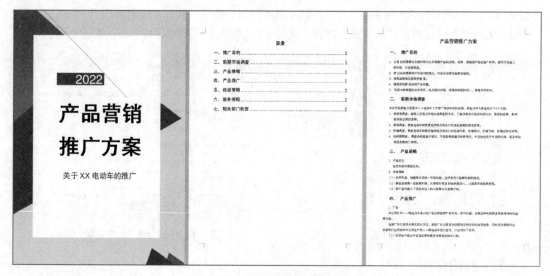

图3-67　"产品营销推广方案"文档

【实训思路】

　　营销推广是公司以各种手段向消费者推销产品，以激发消费者的购买欲的一种常用推销手段。方案制作人员根据公司和产品的特点，可以采用不同的推广手段和推广工具来推广产品。在制作"产品营销推广方案"文档时，一定要结合当前的市场情况和产品特点，并注意区分各级别标题的格式，以免影响阅读体验。

【步骤提示】

　　要完成本实训，可以先打开素材文件，对文档的格式、封面、目录和页脚等进行设置。具体操作步骤如下。

　　（1）打开"产品营销推广方案.wps"文档，使用样式和设置字体格式对文档格式进行设置。

　　（2）插入稻壳封面页中"项目书"类别下的封面，并对封面效果进行修改。

　　（3）在封面下一页插入目录，并对目录格式进行设置。

　　（4）为正文插入页码，并对页码起始值进行设置。

实训二　批量制作"入职通知"文档

【实训要求】

公司最近通过招聘会招聘了一些人才，现在需要向面试成功的人员发送入职通知。老洪将这项任务交给了米拉，让米拉根据新员工入职名单批量制作"入职通知"文档，并通过邮件的形式发送给被录用的新员工。制作完成后的效果如图 3-68 所示。

素材所在位置　素材文件 \ 项目三 \ 入职通知 .wps、新员工入职名单 .et

效果所在位置　效果文件 \ 项目三 \ 入职通知 .wps

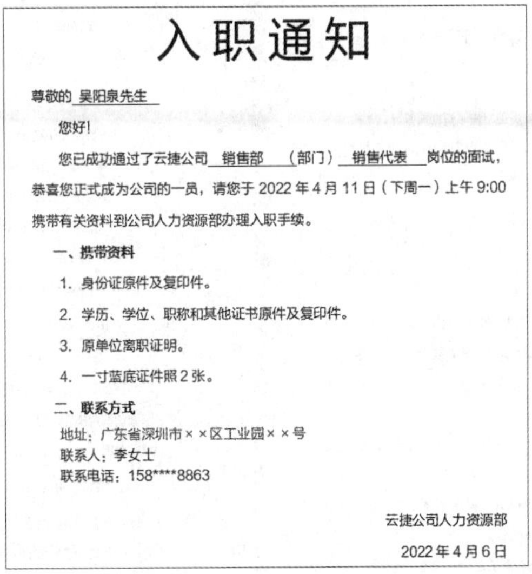

入 职 通 知

尊敬的 吴阳泉先生

　您好！

　您已成功通过了云捷公司 销售部 （部门） 销售代表 岗位的面试，恭喜您正式成为公司的一员，请您于 2022 年 4 月 11 日（下周一）上午 9:00携带有关资料到公司人力资源部办理入职手续。

　一、携带资料

　1. 身份证原件及复印件。

　2. 学历、学位、职称和其他证书原件及复印件。

　3. 原单位离职证明。

　4. 一寸蓝底证件照 2 张。

　二、联系方式

地址：广东省深圳市××区工业园××号

联系人：李女士

联系电话：158****8863

云捷公司人力资源部

2022 年 4 月 6 日

图 3-68　"入职通知"文档

【实训思路】

公司在招聘过程中，往往会向被录用的新员工发送入职通知，通知该人员已经正式被录用，并告知相关信息，如录用的岗位、报到时间、报到时需携带的资料等。入职通知的内容一般有称谓、正文、结尾署名等，用户也可根据具体要求确定入职通知的内容，但内容必须准确，格式也必须规范。

【步骤提示】

完成本实训主要会用到邮件合并相关操作。具体步骤如下。

（1）打开"入职通知.wps"文档，打开素材中的"新员工入职名单.et"数据源。

（2）在文档相应位置插入对应的合并域，将文档与数据源关联起来。

（3）查看合并数据效果，确认无误后，将文档以邮件的形式批量发送给被录用人员。

课后练习

本项目主要介绍了样式的使用、封面和目录的制作、水印的添加、页眉和页脚的设置、脚注和题注的使用、更新目录、邮件合并、文档的校对、限制编辑文档、修订文档、接受 / 拒绝修订和打印文档等相关知识。本项目的重点在于文档的编排与审阅，以助于用户快速统一文档格式，提高文档的制作效率。

练习1：编排"员工入职培训方案"文档

本练习将要求执行样式、页眉和页脚等操作对"员工入职培训方案"文档进行编排。参考效果如图 3-69 所示。

素材所在位置　素材文件＼项目三＼员工入职培训方案 .wps

效果所在位置　效果文件＼项目三＼员工入职培训方案 .wps

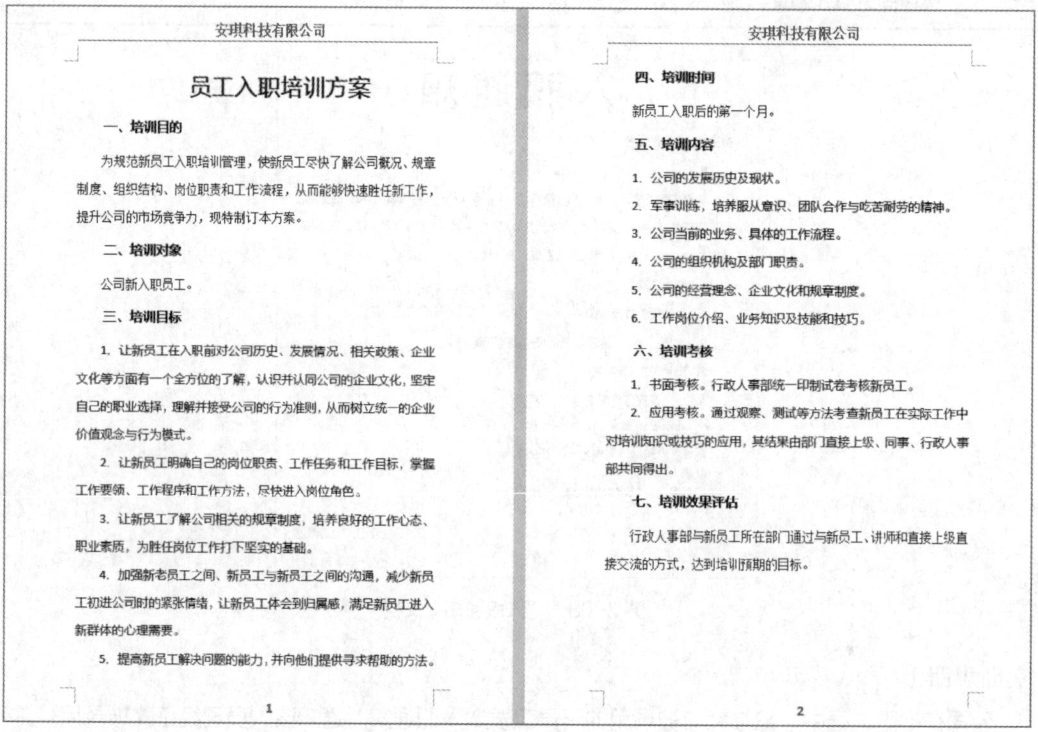

安琪科技有限公司

员工入职培训方案

一、培训目的

为规范新员工入职培训管理，使新员工尽快了解公司概况、规章制度、组织结构、岗位职责和工作流程，从而能够快速胜任新工作，提升公司的市场竞争力，现特制订本方案。

二、培训对象

公司新入职员工。

三、培训目标

1. 让新员工在入职前对公司历史、发展情况、相关政策、企业文化等方面有一个全方位的了解，认识并认同公司的企业文化，坚定自己的职业选择，理解并接受公司的行为准则，从而树立统一的企业价值观念与行为模式。

2. 让新员工明确自己的岗位职责、工作任务和工作目标，掌握工作要领、工作程序和工作方法，尽快进入岗位角色。

3. 让新员工了解公司相关的规章制度，培养良好的工作心态、职业素质，为胜任岗位工作打下坚实的基础。

4. 加强新老员工之间、新员工与新员工之间的沟通，减少新员工初进公司时的紧张情绪，让新员工体会到归属感，满足新员工进入新群体的心理需要。

5. 提高新员工解决问题的能力，并向他们提供寻求帮助的方法。

安琪科技有限公司

四、培训时间

新员工入职后的第一个月。

五、培训内容

1. 公司的发展历史及现状。

2. 军事训练，培养服从意识、团队合作与吃苦耐劳的精神。

3. 公司当前的业务、具体的工作流程。

4. 公司的组织机构及部门职责。

5. 公司的经营理念、企业文化和规章制度。

6. 工作岗位介绍、业务知识及技能和技巧。

六、培训考核

1. 书面考核。行政人事部统一印制试卷考核新员工。

2. 应用考核。通过观察、测试等方法考查新员工在实际工作中对培训知识或技巧的应用，其结果由部门直接上级、同事、行政人事部共同得出。

七、培训效果评估

行政人事部与新员工所在部门通过与新员工、讲师和直接上级直接交流的方式，达到培训预期的目标。

图 3-69　"员工入职培训方案"文档

操作要求如下。

- 打开"员工入职培训方案.wps"文档，修改"正文"样式，再新建"文档标题""二级"和"编号"样式，并将其应用于文档中。
- 为文档所有页面添加相同的页眉和页脚。

练习2：编排与审阅"招聘计划方案"文档

本练习要求对"招聘计划方案"文档进行编排和审阅，以确保文档内容的准确性。参考效果如图 3-70 所示。

素材所在位置　素材文件＼项目三＼招聘计划方案 .wps

效果所在位置　效果文件＼项目三＼招聘计划方案 .wps

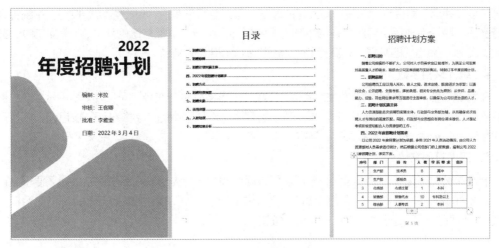

图 3-70　"招聘计划方案"文档

操作要求如下。

- 打开"招聘计划方案.wps"文档，插入封面和目录，并从文档第3页开始添加页码。
- 将文档发送给相关人员审阅。审阅完成后，制作者根据修订意见对文档进行修改。

技巧提升

1. 创建交叉引用

交叉引用即对文档中其他位置的标题、图表、脚注、题注、书签和编号段落等进行引用，以实现快速跳转。创建交叉引用的方法如下。将文本插入点定位到需要创建交叉引用的位置，单击"引用"选项卡中的"交叉引用"按钮 ，打开"交叉引用"对话框，在"引用类型"下拉列表框中选择"编号项"选项，在"引用哪一个编号项"列表框中选择引用的编号项，在"引用内容"下拉列表框中选择所选编号项中的某个内容，然后单击 插入(I) 按钮，系统将在文本插入点处插入设置的引用内容。将鼠标指针移动到交叉引用内容上时，按住【Ctrl】键的同时单击，即可快速跳转到引用内容的相应位置。需要注意的是，为文档中的标题创建交叉引用时，标题必须应用标题样式，只有这样，"引用哪一个标题"列表框中才能识别文档中的标题。

2. 比较文档

在WPS文字中，要想快速对比出两个文档之间的差异，并生成修订文档，可以使用比较功能。比较文档的方法如下。单击"审阅"选项卡中的"比较"按钮 ，在打开的下拉列表中选择"比较"选项，打开"比较文档"对话框，在其中的"原文档"下拉列表框中设置原文档，在"修订的文档"下拉列表框中设置修改后的文档，单击 更多(M)>> 按钮，展开该对话框，用户在其中可根据需要设置比较内容、显示级别和显示位置，设置完成后单击 确定 按钮。设置完成后，系统将自动新建一个空白文档，并在新建的文档中显示比较结果。

3. 翻译文档内容

WPS文字提供的翻译功能可用于快速对文档中的短句或全文内容进行翻译。翻译文档内容的方法如下。选择文档中需要翻译的语句，单击"审阅"选项卡中"翻译"按钮 下方的下拉按钮 ，在弹出的下拉列表中选择"短句翻译"选项，打开"短句翻译"任务窗格，在其中设置好翻译的语言后，单击 开始翻译 按钮，系统将对选择的语句进行翻译；若选择"全文翻译"选项，则会打开"全文翻译"对话框，在其中对翻译的语言、页码进行设置后，单击 立即翻译 按钮，系统将开始进行翻译，翻译完成后，用户可在结果预览中查看翻译结果。需要注意的是，WPS文字中的翻译功能不支持.wps格式的文档，只支持.docx格式或.doc格式的文档。

4. 统计文档字数

在编辑文档时，若想对文档中的字数、页数、段落数等进行统计，可以使用WPS文字提供的字数统计功能。统计文档字数的方法是：单击"审阅"选项卡中的"字数统计"按钮，在打开的"字数统计"对话框中可查看页数、字数、字符数、段落数、非中文单词、中文字符等信息。

5. 双面打印文档

制作的长文档在打印输出时，一般都需要双面打印，一是为了节约纸张，二是为了便于装订成册。双面打印文档的方法是：单击快速访问工具栏中的"打印"按钮，打开"打印"对话框，单击选中"双面打印"复选框，再单击 确定 按钮。

项目四
创建和管理WPS表格

情景导入

　　经过几周的学习和工作实践，米拉已经掌握了使用WPS文字制作各种办公文档的方法和技巧。在实际工作中，还需要制作员工档案表、考勤表、加班统计表、销售统计表等各类办公表格，于是米拉开始学习表格的制作方法。

　　一开始，米拉觉得WPS表格和WPS文字中的表格功能是相似的，但在实际的操作过程中，米拉还是遇到了很多问题，于是她向老洪请教如何使用WPS表格制作更加专业的表格。老洪告诉米拉："要想使用WPS表格顺利制作出需要的表格，就需要先学习WPS表格的相关知识，不能跳过学习的过程。"听了老洪的建议后，米拉决定从创建和管理表格的相关知识开始学习。

学习目标

- 能够快速在表格中输入和填充不同类型的数据
- 能够对表格格式进行设置
- 能够根据需要对表格数据进行排序和筛选
- 能够使用不同的功能突出显示重要的数据

素养目标

- 培养对WPS表格的学习兴趣
- 提高输入和编辑表格数据的效率
- 正确认识和操作表格，遵守数据格式规范

任务一　制作"员工档案表"表格

招聘结束后，人事部会将新入职员工的相关信息录入计算机并进行保存，以便存档和随时查阅。于是老洪便让米拉将新员工的信息正确录入表格并保存到计算机中，然后再对表格格式进行设置，使表格更加规范和美观。本任务的参考效果如图4-1所示。

素材所在位置　素材文件\项目四\公司现有岗位.et、档案表数据.et

效果所在位置　效果文件\项目四\员工档案表.et

	姓名	身份证号码	性别	出生年月	学历	专业	毕业院校	手机号码	入职时间	转正时间	部门	职务	基本工资
							员工档案表（2022）						
3	吴阳泉	51XXXX19920212XXXX	男	1992-02-12	本科	市场营销	XX大学	130XXXX8524	2022/2/7	2022/3/7	销售部	销售主管	￥6,000
4	孙雅欣	10XXXX19891028XXXX	女	1989-10-28	大专	人力资源	XX管理学院	136XXXX2578	2022/2/7	2022/3/7	综合部	人事专员	￥4,000
5	丁毅	61XXXX19950526XXXX	男	1995-05-26	高中	/	/	132XXXX3644	2022/2/9	2022/3/9	生产部	技术员	￥7,000
6	刘一帆	23XXXX19760724XXXX	男	1976-07-24	高中	/	/	133XXXX2148	2022/2/9	2022/3/9	生产部	质检员	￥5,500
7	张启超	21XXXX19861230XXXX	男	1986-12-30	大专	信息技术	XX信息技术学院	158XXXX7109	2022/2/9	2022/3/9	销售部	销售代表	￥3,000
8	何健	41XXXX19911130XXXX	男	1991-11-30	大专	电子商务	XX金融职业学院	135XXXX2356	2022/2/9	2022/3/9	销售部	销售代表	￥3,000
9	陈姜华	51XXXX19930218XXXX	女	1993-02-18	本科	会计	XX科技大学	138XXXX1563	2022/2/15	2022/3/15	财务部	会计	￥5,000
10	钟海丽	33XXXX19970325XXXX	女	1997-03-25	本科	工商管理	XX大学	199XXXX4033	2022/2/16	2022/3/16	销售部	销售代表	￥3,000
11	杨艺	41XXXX19951119XXXX	女	1995-11-19	大专	旅游管理	XX职业技术学院	151XXXX3100	2022/3/1	2022/4/1	生产部	质检员	￥5,500
12	蕾龙远	38XXXX19851119XXXX	男	1985-11-19	大专	工程造价	XX艺术职业学院	139XXXX5142	2022/3/1	2022/4/1	销售部	销售代表	￥3,000
13	苏妍	10XXXX19840625XXXX	女	1984-06-25	高中	/	/	131XXXX1571	2022/3/1	2022/4/1	销售部	销售代表	￥3,000
14	程静	59XXXX19880717XXXX	女	1988-07-17	本科	会计	XX经贸职业学院	134XXXX8360	2022/3/1	2022/4/1	财务部	出纳	￥4,500
15	谢佳	10XXXX19960916XXXX	女	1996-09-16	本科	行政管理	XX理工大学	135XXXX4717	2022/3/4	2022/4/6	综合部	行政专员	￥3,000
	张怀生	61XXXX19980916XXXX	男	1998-09-16	高中	/	/	136XXXX2079	2022/3/4	2022/4/6	生产部	技术员	￥7,000

现有部门和岗位　员工档案信息　+

图4-1　"员工档案表"表格

一、任务描述

（一）任务背景

员工档案表用于记录员工的基本信息，如姓名、职务、性别、学历、身份证号码、入职时间、手机号码等。本任务将制作"员工档案表"表格，首先应将不同类型的数据正确输入表格中，然后再对表格的格式、样式等进行设置，最后按照需要将制作的表格打印出来。

（二）任务目标

（1）能够熟练新建、保存和打印表格。

（2）能够在表格中快速、正确地输入和填充不同类型的数据。

（3）能够设置数据有效性，限制单元格中的数据类型或数据范围。

（4）能够设置数字格式、单元格格式和表格样式。

（5）能够冻结表格标题所在行和相关列。

二、相关知识

不管制作任何表格，都需要熟悉WPS表格的操作界面，掌握工作表的操作方法，并会填充各类型的数据。

（一）认识 WPS 表格操作界面

WPS 表格与 WPS 文字的操作界面组成大致相同，用户只需要掌握与 WPS 文字操作界面不同的组成部分（如名称框、编辑栏、行号、列标、工作表编辑区和工作表标签等）即可。图 4-2 所示为 WPS 表格的操作界面，各组成部分的作用如下。

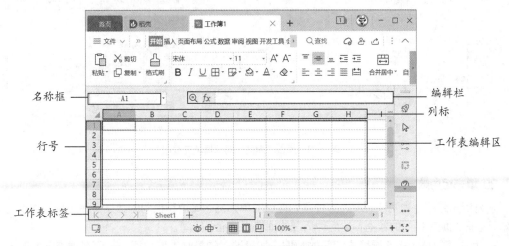

图 4-2　WPS 表格的操作界面

- **名称框：**用于显示所选单元格或单元格区域的名称。
- **编辑栏：**用于显示或编辑所选单元格中的内容，单击"浏览公式结果"按钮 ⊕，可在编辑栏右侧显示所选单元格中的公式；单击"插入函数"按钮 *fx*，可打开"插入函数"对话框。
- **行号：**用于显示工作表中的行，以"1、2、3、4……"的形式编号。
- **列标：**用于显示工作表中的列，以"A、B、C、D……"的形式编号。
- **工作表编辑区：**用于编辑表格内容，由多个单元格组成，每个单元格拥有由行号和列标组成的唯一地址。
- **工作表标签：**用于显示当前工作簿中的工作表名称或切换工作表，单击工作表标签中的"新建工作表"按钮 + 可新建新工作表。

（二）填充数据

在表格中输入数据时，如果数据有一定规律，就可使用数据填充方法快速输入需要的数据，以提高工作效率。

1. 填充规律数据

填充规律数据是指填充等差序列、等比序列及日期等有一定规律的数据，可以通过填充柄或"序列"对话框来快速填充数据。

- **通过填充柄填充数据：**在需要输入数据的第一个单元格中输入数据，然后将鼠标指针移动到单元格右下角，当鼠标指针变成 **+** 形状时，向下或向右拖曳至目标单元格，释放鼠标。如果输入的是数值型数据和日期型数据，系统将按照一定的规律进行填充；如果输入的是文本型数据，则填充相同的数据。
- **通过"序列"对话框填充数据：**在需要输入数据的第一个单元格中输入数据，然后选择已输入数据和需要进行序列填充的单元格区域；单击"开始"选项卡中的"填充"按钮 ⊡，在弹出的下拉列表中选择"序列"选项，打开"序列"对话框，在"类型"栏中选择填充的序列类型，在"步长值"数值框中输入序列中相邻两个数值的差值或比值，最后单击 确定 按钮，如图4-3所示。

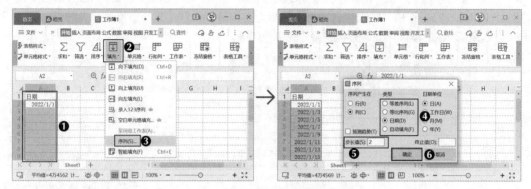

图4-3　通过"序列"对话框填充数据

2. 填充相同数据

填充相同数据分为两种情况，一种是为连续的单元格区域填充相同的数据，另一种是为不连续的单元格区域填充相同的数据，这两种情况的填充方法完全不同。

- **为连续的单元格区域填充相同的数据：** 如果输入的是文本型数据，则可在填充数据时直接向下或向右拖曳填充柄填充；如果输入的是数字型或日期型数据，则向下或向右拖曳填充柄填充时，可能填充的是有一定规律的数据，此时就需要在释放鼠标后，单击"自动填充选项"按钮 ，在弹出的下拉列表中选择"复制单元格"选项，将填充的规律数据更改为相同的数据。
- **为不连续的单元格区域填充相同的数据：** 按住【Ctrl】键的同时选择不连续的单元格，在最后选择的单元格中输入数据，然后按【Ctrl+Enter】组合键完成填充数据。

3. 智能填充数据

智能填充可以通过对比字符串之间的关系，根据当前输入的一组或多组数据，参考前一列或后一列中的数据智能识别出其中的规律，然后按照规律快速填充数据，该方法被广泛应用于提取字符、替换字符、添加字符、合并字符和重组字符等场景中。智能填充数据的方法是：在需要输入数据的单元格中输入参考列中的部分数据，然后按【Enter】键确认，再按【Ctrl+E】组合键或单击"开始"选项卡中的"填充"按钮 ，在弹出的下拉列表中选择"智能填充"选项，系统将会根据输入的数据自动识别规律并填充数据。如果系统不能根据输入的数据识别出规律，则会打开提示对话框，提示用户在多输入一些示例数据后，再执行智能填充操作。

（三）工作表的基本操作

在创建和编辑表格时，经常需要对工作表执行插入、删除、切换、重命名、移动或复制、隐藏、显示等操作，以便于快速制作出需要的表格。

- **插入工作表：** 在工作表标签上右击，在弹出的快捷菜单中选择"插入工作表"命令，打开"插入工作表"对话框，在"插入数目"数值框中输入新建的工作表数量，在"插入"栏中设置新工作表的插入位置，然后单击 确定 按钮。
- **删除工作表：** 选择需要删除的单张或多张工作表，在工作表标签上右击，在弹出的快捷菜单中选择"删除工作表"命令，如果当前删除的工作表中含有数据，则会打开"WPS表格"对话框，并询问是否永久删除这些数据，如果确认删除，则单击 确定 按钮。

- **切换工作表：** 在工作表标签上直接单击某个工作表的名称，则可切换到该工作表，或者单击工作表标签左侧的切换按钮进行切换。

知识补充　　　　　　　　　　　**通过关键字切换工作表**

　　　右击工作表标签左侧的切换按钮，可弹出切换工作表的列表，在其中的"活动文档"文本框中输入工作表标签的关键字后，就可以快速切换到对应的工作表中。

- **重命名工作表：** 双击某个工作表标签，此时，该工作表标签将进入可编辑状态，且呈蓝底白字显示，在其中输入新的工作表标签名称，按【Enter】键。
- **移动或复制工作表：** 选择需要移动或复制的工作表，单击"开始"选项卡中的"工作表"按钮 🖽，在弹出的下拉列表中选择"移动或复制工作表"选项，打开"移动或复制工作表"对话框；在"工作簿"下拉列表框中选择需要移动或复制的工作簿，在"下列选定工作表之前"列表框中选择移动或复制到的位置，然后单击 确定 按钮，则可将当前工作表移动到指定的位置；若在"移动或复制工作表"对话框中单击选中"建立副本"复选框，则可将当前工作表复制到指定的位置。
- **隐藏工作表：** 选择需要隐藏的工作表，右击工作表标签，在弹出的快捷菜单中选择"隐藏工作表"命令，隐藏当前工作表。
- **显示工作表：** 右击任意工作表标签，在弹出的快捷菜单中选择"取消隐藏工作表"命令，打开"取消隐藏"对话框，在"取消隐藏工作表"列表框中选择需要显示的工作表，单击 确定 按钮，隐藏的工作表将会显示出来。

知识补充　　　　　　　　　　　**移动或复制工作表**

　　　在不同的工作簿中移动或复制工作表时，只能通过"移动或复制工作表"对话框来实现；如果是在同一工作簿中移动或复制工作表，则可通过鼠标来实现。在同一工作簿中移动或复制工作表的方法是：将鼠标指针移动到需要移动或复制的工作表标签上，将其拖曳到目标位置，释放鼠标，完成工作表的移动操作，若在按住【Ctrl】键的同时移动工作表，则可复制工作表。

（四）表格的合并与拆分

在编辑表格时，在同一工作簿中移动或复制工作表时经常需要合并或拆分部分单元格或部分单元格区域，此时就需要用到"合并表格"和"拆分表格"功能，这两项功能只有WPS会员才能使用。

1. 合并表格

合并表格是指将多个工作表或多个工作簿的数据合并到一个工作表或一个工作簿中，其方法是：单击"会员专享"选项卡中的"智能工具箱"按钮 🖳，激活"智能工具箱"选项卡，单击其中的"合并表格"按钮，弹出的下拉列表中显示了合并成一个工作表、按相同表名合并工作表、按相同列内容匹配两表数据、整合成一个工作簿和按相同表名整合工作簿等合并方式，选择需要的表格合并方式后，按照提示即可执行合并操作。

- **合并成一个工作表：** 将所选工作簿中的工作表按照指定的行开始合并，合并时为了避免重复合并，将只保留唯一的表头，而且合并后，只保留单元格值和格式。

- **按相同表名合并工作表：** 将多个工作簿中选择的多个工作表按照工作表名称进行合并，名称相同的工作表合并成一个工作表。
- **按相同列内容匹配两表数据：** 将同一工作表中两个相同类目的数据区域进行匹配，然后根据数据区域1的内容匹配数据区域2的数据，并将数据区域2的其他内容合并到数据区域1，接着将合并后的内容在新的工作表中展示。
- **整合成一个工作簿：** 将多个工作簿中的工作表合并到一个工作簿中，合并后，保留所有单元格内容、公式、格式。
- **按相同表名整合工作簿：** 根据工作表标签生成多个工作簿，且每个工作簿中包含同一名称的所有工作表；另外，在合并前，可以根据需要设置工作簿保存位置。

2. 拆分表格

拆分表格是指将工作表中的内容或工作簿中的工作表拆分成多个工作表，其方法是：单击"智能工具箱"选项卡中的"拆分表格"按钮，弹出的下拉列表中显示了工作表按照内容拆分和工作簿按照工作表拆分两种拆分方式，选择需要的表格拆分方式后，按照提示即可执行拆分操作。

- **工作表按照内容拆分：** 将工作表按照指定的内容拆分成若干个工作表，拆分后的工作表既可以保存到当前工作簿，也可以保存到新工作簿。
- **工作簿按照工作表拆分：** 将工作簿中的工作表拆分成多个独立的工作表；另外，还可以指定工作簿中要拆分的工作表。

三、任务实施

（一）新建并保存工作簿

制作表格的第一步是创建工作簿，为了避免丢失表格，还需要对创建的工作簿进行保存操作。具体操作如下。

微课视频
新建并保存工作簿

（1）启动WPS Office，在"新建"界面上方单击"表格"选项卡，在下方单击"新建空白表格"按钮，如图4-4所示。

（2）系统将新建一个名为"工作簿1"的空白表格，然后按【Ctrl+S】组合键，打开"另存文件"对话框，在"位置"下拉列表框中设置保存位置为"项目四"，在"文件名"下拉列表框中输入"员工档案表"文本，在"文件类型"下拉列表框中选择"WPS表格 文件(*.et)"选项，最后单击 保存(S) 按钮，如图4-5所示。

图4-4 新建工作簿

图4-5 保存工作簿

（二）重命名、移动与复制工作表

新建并保存"员工档案表"工作簿后，可以根据需要对工作簿中的工作表进行重命名、复制等操作，搭建"员工档案表"的基本框架。具体操作如下。

微课视频
重命名和复制工作表

（1）双击"Sheet1"工作表标签，使其处于编辑状态，输入新名称"员工档案信息"，然后按【Enter】键确认。

（2）打开"公司现有岗位.et"工作簿，单击"开始"选项卡中的"工作表"按钮，在弹出的下拉列表中选择"移动工作表"选项，如图4-6所示。

（3）打开"移动或复制工作表"对话框，在"工作簿"下拉列表框中选择"员工档案表.et"选项，在"下列选定工作表之前"列表框中选择"员工档案信息"选项，再单击选中"建立副本"复选框，最后单击 确定 按钮，如图4-7所示。

图4-6　选择"移动工作表"选项

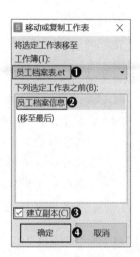

图4-7　移动或复制工作表

（4）系统将会把当前工作表复制到"员工档案表"工作簿中的"员工档案信息"工作表之前。

（三）输入和填充表格数据

完成"员工档案表"工作簿的结构搭建后，就可以输入数据，完善表格的内容。输入数据时选择合理的方式可以有效提高数据的准确性和输入效率。具体操作如下。

微课视频
录入和填充
表格数据

（1）单击"员工档案信息"工作表标签，切换到该工作表，在A1单元格中输入"员工档案表（2022）"文本，在A2:N2单元格区域中输入相关表字段。

（2）在A3单元格中输入"HT-2022-01"文本，然后将鼠标指针移动到A3单元格的右下角，当鼠标指针变成╋形状时，向下拖曳至A16单元格，如图4-8所示。

（3）在B3:B16单元格区域中输入编号对应的姓名，然后在C3单元格中先输入一个英文状态下的"'"，再输入员工姓名对应的身份证号码，接着按【Enter】键确认输入。

（4）使用相同的方法继续输入C列其他员工的身份证号码，然后按住【Ctrl】键，选择D列中需要输入"男"文本的多个单元格，并在选择的最后一个单元格中输入"男"文本，如图4-9所示。

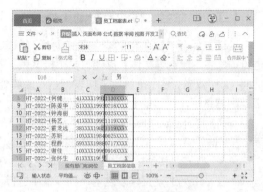

图 4-8 填充有规律的数据	图 4-9 输入相同数据

（5）按【Ctrl+Enter】组合键确认输入，然后使用相同的方法在D列其他单元格中输入"女"文本。

> **知识补充**   **正确输入身份证号码**
>
>
>
>   在单元格中输入超过 11 位的数据时，系统会默认以科学计数的格式显示；若数据超过 15 位，系统则会自动将第 15 位后的数字转换为"0"。由于身份证号码的位数超过 15 位，如果直接输入，那么单元格中的身份证号码将会以科学计数的格式显示，并且后 3 位数字会显示为"0"。若想让输入的身份证号码正确显示，可先将单元格的数字格式设置为"文本"，然后再输入身份证号码；或者在输入身份证号码前先输入英文状态下的"'"，系统可以将输入的身份证号码自动识别为文本。

（6）在E3单元格中输入C3单元格中代表出生日期的数字"19920212"，然后选择E3:E16单元格区域，单击"开始"选项卡中的"填充"按钮 ⊡，在弹出的下拉列表中选择"智能填充"选项，如图4-10所示。

（7）系统将根据E列的身份证号码自动填充出生年月，如图4-11所示。

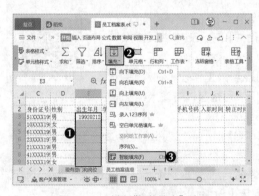

图 4-10 选择"智能填充"选项	图 4-11 智能填充效果

（四）设置下拉列表和数据有效性

为了保证员工档案表数据的准确性，可以通过下拉列表和设置数据有效性等方式来选择输入或限制输入数据，这一方法适用于部门、学历等数据的输入。具体操作如下。

（1）选择F3:F16单元格区域，单击"数据"选项卡中的"下拉列表"按钮，打开"插入下拉列表"对话框，在"手动添加下拉选项"单选项下的文本框中输入下拉列表中的第一个选项，单击按钮，继续输入下拉列表中的其他选项，输入完成后单击 确定 按钮，如图4-12所示。

（2）返回工作表中，选择F3单元格，单击单元格右侧的下拉按钮，在弹出的下拉列表中选择"本科"选项，如图4-13所示。

（3）使用相同的方法继续选择输入F4:F16单元格区域中的内容，然后为G3:I16单元格区域输入需要的内容。

<table>
<tr><td>图 4-12　插入下拉列表</td><td>图 4-13　选择下拉列表中的内容</td></tr>
</table>

知识补充　　　　　　　　　　**从单元格选择下拉选项**

在"插入下拉列表"对话框中单击选中"从单元格选择下拉选项"单选项，再单击下方参数框右侧的按钮，折叠对话框，切换到下拉列表数据区域所在的工作表。通过拖曳鼠标选择下拉列表数据区域后，系统将在对话框参数框中显示引用的单元格地址，单击按钮，展开对话框，再单击 确定 按钮，也可为选择的单元格区域添加下拉列表。

（4）选择J3:J16单元格区域，单击"数据"选项卡中的"有效性"按钮，打开"数据有效性"对话框，单击"设置"选项卡，在"允许"下拉列表框中选择"日期"选项，在"数据"下拉列表框中选择"介于"选项，在"开始日期"参数框中输入"2022/1/1"文本，在"结束日期"参数框中输入"2022/12/31"文本，如图4-14所示。

（5）单击"出错警告"选项卡，在"样式"下拉列表框中选择"警告"选项，在"标题"文本框中输入"日期范围不对"文本，在"错误信息"列表框中输入"输入的日期范围不在2022/1/1~2022/12/31。"文本，然后单击 确定 按钮，如图4-15所示。

（6）返回工作表后，在J3:J16单元格区域中输入"2022/1/1~2022/12/31"的日期，若输入的日期不在这个范围内，则将弹出出错警告。

（7）选择K3:K16单元格区域，打开"数据有效性"对话框，选择"输入信息"选项卡，在"输入信息"文本框中输入"一般实习期为1个月，特殊情况除外"文本，然后单击 确定 按钮，如图4-16所示。

图 4-14　设置条件　　　　　　图 4-15　设置出错警告　　　　　　图 4-16　设置输入信息

（8）返回工作表后，选择K3单元格时，将弹出输入提示信息，然后根据提示信息准确输入转正日期即可。

（9）选择L3:L16单元格区域，打开"数据有效性"对话框，单击"设置"选项卡，在"允许"下拉列表框中选择"序列"选项，单击"来源"参数框右侧的 按钮，折叠对话框，切换到"现有部门和岗位"工作表。拖曳鼠标选择A1:D1单元格区域，系统将在参数框中显示引用的单元格地址，然后单击 按钮，展开对话框，最后单击 确定 按钮，如图4-17所示。

（10）返回工作表后，在L3:L16单元格区域中选择输入对应的部门，然后在M3:N16单元格区域中输入对应的职务和基本工资，如图4-18所示。

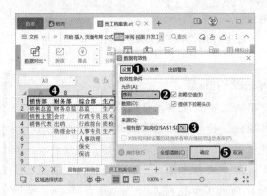

图 4-17　设置序列　　　　　　　　　　　　图 4-18　表格效果

（五）设置数字格式

为了更加直观地显示员工档案表的数据，可以根据数据特点设置不同的数字格式。具体操作如下。

微课视频

设置数字格式

（1）选择E3:E16单元格区域，单击"开始"选项卡中的"单元格格式：数字"按钮 ，打开"单元格格式"对话框，单击"数字"选项卡，在"分类"列表框中选择"自定义"选项，在"类型"文本框中输入"0000-00-00"，然后单击 确定 按钮，如图4-19所示。

（2）返回工作表后，选择N3:N16单元格区域，按【Ctrl+1】组合键，打开"单元格格式"对话框，单击"数字"选项卡，在"分类"列表框中选择"货币"选项，在"小数位数"数值框中输入"0"，然后单击 确定 按钮，如图4-20所示。

图 4-19 自定义数字格式   图 4-20 设置货币数字格式

（六）设置单元格格式

默认的单元格字体格式、对齐方式、行高、列宽等有时并不能满足实际需要，所以需要根据实际需求对表格的单元格格式进行设置，使表格中的内容排列得更加规范、整齐。具体操作如下。

微课视频

设置单元格格式

（1）选择A1:N1单元格区域，在"开始"选项卡中的"字体"下拉列表框中选择"方正黑体简体"选项，在"字号"下拉列表框中选择"20"选项。然后单击"合并居中"按钮［］，将所选单元格区域合并为一个单元格，并且使单元格中的文本居中对齐，如图4-21所示。

（2）选择A2:N2单元格区域，单击"开始"选项卡中的"加粗"按钮**B**，再选择A2:N16单元格区域，单击"开始"选项卡中的"水平居中"按钮三，使单元格中的文本水平居中。

（3）保持A2:N16单元格区域的选择状态，单击"开始"选项卡中的"行和列"按钮，在弹出的下拉列表中选择"最适合的列宽"选项，如图4-22所示，系统将根据单元格中的文本自动调整列宽。

知识补充   **单元格合并**

"合并居中"下拉列表中提供了合并居中、合并单元格、合并内容、按行合并和跨列居中等5种单元格合并方式，用户可以根据实际需要选择。合并居中表示将选择的多个单元格合并为一个大单元格，且文本居中显示；合并单元格表示将选择的多个单元格合并为一个大单元格，且单元格中只显示第一个单元格中的内容，并按照默认的方式对齐；合并内容表示将选择的多个单元格合并为一个大单元格，且所选单元格中的内容也将全部合并显示到大单元格中；按行合并表示按所选的多个单元格所在行合并单元格，且合并行中的内容只显示所选单元格第一列单元格中的内容；跨列居中表示不合并所选的多个单元格，但单元格中的文本将居中对齐。

（4）保持A2:N16单元格区域的选择状态，在"行和列"下拉列表中选择"行高"选项，打开"行高"对话框，在"行高"数值框中输入"22"，然后单击 确定 按钮，如图4-23所示。

（5）将鼠标指针移动到第1行和第2行的分割线上，当鼠标指针变成十形状时，向下拖曳以调整第1行的行高，如图4-24所示。

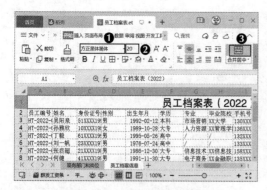

图4-21　设置单元格字体格式

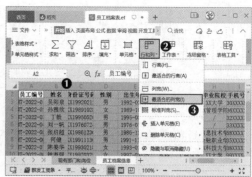

图4-22　调整单元格列宽

图4-23　设置行高

图4-24　拖曳调整行高

（6）将鼠标指针移动到第1列和第2列的分割线上，当鼠标指针变成┿形状时，向右拖曳调整第1列的列宽。

（7）使用相同的方法调整其他列的列宽。

> **知识补充**　　　　　　　　　　　　　　**插入与删除单元格**
>
> 　　当表格数据区域的单元格不够时，可以为其插入新的单元格，其方法是：选择需要插入单元格的位置，单击"开始"选项卡中的"行和列"按钮，在弹出的下拉列表中选择"插入单元格"选项，在弹出的子列表中设置插入单元格对应的内容；还可以在"行和列"下拉列表中选择"删除单元格"选项，在弹出的子列表中选择对应的选项。

（七）美化表格

制作好员工档案表的基本内容后，可以通过套用表格样式、设置单元格样式，以及设置单元格边框和底纹等方式来美化表格。具体操作如下。

（1）选择A2:N16单元格区域，单击"开始"选项卡中的"表格样式"按钮，在弹出的下拉列表中单击"预设样式"栏中的"中色系"选项卡，在该选项卡下选择"表样式中等深浅2"选项，如图4-25所示。

（2）打开"套用表格样式"对话框，单击选中"转换成表格，并套用表格样式"单选项，再取消选中"筛选按钮"复选框，然后单击 确定 按钮，如图4-26所示。

微课视频

美化表格

知识补充　　　　　　　　　新建表格样式

　　在"表格样式"下拉列表中选择"新建表格样式"选项，打开"新建表样式"对话框，在"表元素"列表框中选择表元素后，单击 格式(F) 按钮，打开"单元格格式"对话框，在其中可对单元格的字体、边框和图案等进行设置。

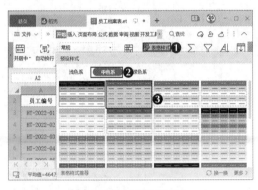

图 4-25　选择表格样式

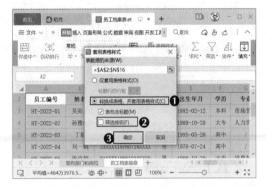

图 4-26　设置表格样式

知识补充　　　　　　　　　套用表格样式设置

　　在"套用表格样式"对话框中单击选中"仅套用表格样式"单选项，系统将直接为选择的区域套用表格样式；若单击选中"转换成表格，并套用表格样式"单选项，则可将选择的区域创建为表，并为其套用表格样式，如果用户在表区域内执行了插入行或列的操作，则系统将自动为插入的行或列套用表格样式，用户还可以通过表字段中的筛选按钮对表数据区域进行排序和筛选。

　　（3）保持A2:N16单元格区域的选择状态，单击"开始"选项卡中"所有框线"按钮田右侧的下拉按钮▼，在弹出的下拉列表中选择"其他边框"选项，如图4-27所示。

　　（4）打开"单元格格式"对话框，单击"边框"选项卡，在"样式"列表框中选择右侧的第5种样式，在"颜色"下拉列表框中选择"矢车菊蓝，着色1，淡色40%"选项，在"预置"栏中单击"外边框"按钮回和"内部"按钮╫，再单击 确定 按钮，如图4-28所示。

图 4-27　选择"其他边框"选项

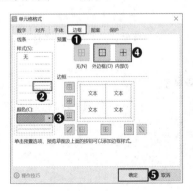

图 4-28　设置边框

（5）选择A1单元格，单击"开始"选项卡中"填充颜色"按钮 🖨 右侧的下拉按钮 ▾，在弹出的下拉列表中选择"矢车菊蓝，着色1，淡色80%"选项，如图4-29所示。

（6）返回工作表后，可查看A1单元格底纹颜色，如图4-30所示。

图 4-29 选择填充颜色

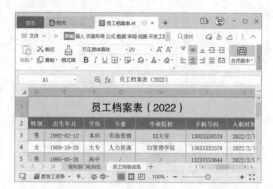

图 4-30 填充效果

（八）冻结表格

员工档案表的行列数较多，用户在查看数据时，可能看不到表格标题行或左侧的列字段，可以利用冻结窗格功能来固定标题行或列的位置。具体操作如下。

（1）选择第1行和第2行，单击"视图"选项卡中的"冻结窗格"按钮 ，在弹出的下拉列表中选择"冻结至第2行"选项，如图4-31所示。

（2）返回工作表后，第1行和第2行将呈冻结状态，滚动查看数据时，标题行和表字段行的位置始终固定，不随页面的滚动而滚动，如图4-32所示。

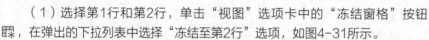
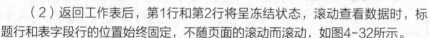

图 4-31 选择冻结选项

图 4-32 冻结效果

知识补充　　　　　　　　　　　　　　**取消冻结窗格**

选择冻结的行或列，单击"视图"选项卡中的"冻结窗格"按钮 ，在弹出的下拉列表中选择"取消冻结窗格"选项可取消冻结行或列。

（九）打印表格

制作好员工档案表后，就可以按照需要打印表格，但在打印之前，还需要对表格的打印效果进行预览，并根据需要进行打印设置。具体操作如下。

（1）单击 ≡ 文件 按钮，在弹出的下拉列表中选择"打印"选项，在弹出的子列表中选择"打印预览"选项，如图4-33所示。

（2）打开"打印预览"界面，然后单击"横向"按钮，在"打印缩放"下拉列表框中选择"将所有列打印在一页"选项，在"打印机"下拉列表框中选择打印机，单击"直接打印"按钮，如图4-34所示。

微课视频
打印表格

图4-33 选择"打印预览"选项

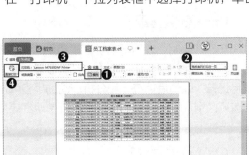

图4-34 打印设置

知识补充　　　　　　　　　　高级打印

在"打印"子列表中选择"高级打印"选项，系统将开始在后台加载和安装高级打印工具。安装完成后，系统将自动打开WPS高级打印程序窗口，用户在其中可以预览打印效果，还可以对打印页面、打印效果等进行设置。

任务二　管理"产品订单明细表"表格

米拉想通过网上的办公表格模板来提升制作表格的技能，但老洪对她说，要想提升制作表格的技能，就要不断地练习。于是老洪给了米拉一个任务，让她在表格中导入数据库中已有的3月产品订单数据，要求使工作表中的数据规范显示，然后按照订单号的先后顺序进行排列，并筛选出客户A和客户C的订单金额大于或等于1 000元的数据记录。本任务的参考效果如图4-35所示。

图4-35 产品订单明细表

素材所在位置　素材文件＼项目四＼产品订单数据.accdb
效果所在位置　效果文件＼项目四＼产品订单明细表.et

一、任务描述

（一）任务背景

产品订单明细表用于记录订购商品的详细信息，包括订单号、客户、订购日期、交货日期、产品名称、产品类别、产品规格、订购数量、单价、总价、付款方式和订单完成状态等信息，一般是按月记录，以便后期统计和分析产品的销售情况。不同的行业或企业的订单明细表包含的信息可能会有所区别。本任务在管理"产品订单明细表"表格时，需要用到导入数据、分列数据、排序数据和筛选数据等技能。

（二）任务目标

（1）能够快速导入其他文件中已有的数据。
（2）能够使用不同的分列方法对单元格中的内容进行分列。
（3）能够根据实际需要对表格数据进行排序和筛选。
（4）能够为筛选出来的数据快速添加图表。

二、相关知识

在编辑和管理与产品相关的各类表格时，常常会运用数据分列、排序和筛选等知识。

（一）智能分列和高级分列

分列是指将一个单元格中的数据根据指定的条件拆分到多列中。除了本任务所讲解的按照文本向导分列外，WPS表格还提供了智能分列和高级分列（WPS会员才可使用）两种分列方式。

- **智能分列：** 根据表格内容的不同，用户可以通过分隔符号、文本类型、关键字（句）及固定宽度等条件来对表格内容进行智能分列处理。智能分列的方法是：选择需要分列的数据区域，单击"数据"选项卡中"分列"按钮 下方的下拉按钮 ，在弹出的下拉列表中选择"智能分列"选项，系统将对选择的数据区域进行自动分列，且在打开的"智能分列结果"对话框中显示分列结果，单击列分割线即可取消分列，如图4-36所示；如果对智能分列结果不满意，可单击 ⚙ 手动设置分列(R) 按钮，打开"文本分列向导2步骤之1"对话框，如图4-37所示，其中提供了分隔符号、文本类型、按关键字和固定宽度4种分列方式，选择需要的分列方式进行分列设置后，在下方的"数据预览"栏中可以预览分列效果，设置完成后单击 完成 按钮即可。
- **高级分列：** 用户可以根据需要自定义分列规则，如按字符数进行分列、按特定内容进行分列和按字符类型进行分列等。高级分列的方法是：选择需要分列的数据区域，单击"智能工具箱"选项卡中的"高级分列"按钮 ，打开"高级分列"对话框，自定义分列规则后，单击 确定 按钮。

图4-36　智能分列结果

图4-37　手动设置分列

（二）排序方式

排序是指将表格数据按照指定的条件进行升序或降序排列。在WPS表格中，常用的排序方式有自动排序和自定义排序两种。

- **自动排序：** 自动排序是指通过单击"排序"按钮↓↑按照默认的排序规则进行排序。选择数据区域中的某个单元格，单击"数据"选项卡中的"排序"按钮↓↑，系统将根据所选单元格的数据特点自动进行升序排列。如果所选单元格所在的行或列是文本，则会按照第一个字母的先后顺序进行排列；如果所选单元格所在的行或列是数字，则会按照数字由小到大的顺序排列。
- **自定义排序：** 自定义排序是指根据需求自行设置条件进行排序。选择数据区域中的某个单元格，单击"数据"选项卡中"排序"按钮↓↑下方的下拉按钮▾，在弹出的下拉列表中选择"自定义排序"选项，打开"排序"对话框，在其中设置主要条件的排序列、排序依据和排序次序，如果主要条件中存在多个重复值，则可单击 ➕ 添加条件(A) 按钮添加次要条件，这样当主要条件相同时，系统就可按照次要条件继续排序。

（三）筛选方式

筛选是指将表格中符合条件的数据筛选出来，并隐藏不符合条件的数据。在WPS表格中共有内容筛选、颜色筛选、文本筛选和数字筛选等4种筛选方式，用户可以根据数据的类型选择合适的数据筛选方式。

- **内容筛选：** 适用于表格中的所有数据内容。执行内容筛选的方法是：按【Ctrl+Shift+L】组合键，为字段行添加筛选下拉按钮▾，单击该下拉按钮，在弹出的下拉列表中的"名称"列表框中显示了该字段所包含的所有数据，系统默认选中所有复选框。若要筛选出某类数据，则可取消选中除该类数据外的所有复选框，然后单击 确定 按钮。
- **颜色筛选：** 适用于表格内容已经用不同颜色标示出不同类别的数据。执行颜色筛选的方法是：在"筛选"下拉列表中单击"颜色筛选"选项卡，在下方的文本框中选择某个色块后，就可筛选出该色块颜色所包含的数据。
- **文本筛选：** 适用于表格中的文本型数据。执行文本筛选的方法是：在"筛选"下拉列表中单击"文本筛选"选项卡，在弹出的下拉列表中选择文本筛选条件，打开"自定义自动筛选方式"对话框，在其中设置好具体筛选条件后，单击 确定 按钮。
- **数字筛选：** 适用于表格中的数字型数据。执行数字筛选的方法是：在"筛选"下拉列表中单击"数字筛选"选项卡，在弹出的下拉列表中选择数字筛选条件，打开"自定义自动筛选方式"对话框，在其中设置好具体筛选条件后，单击 确定 按钮。

知识补充　　　　　　　　　　　**根据关键字筛选**

　　单击"筛选"下拉按钮▼，在弹出的下拉列表的搜索框中输入筛选条件的关键字，然后按【Enter】键，下方的列表框中将显示筛选的字段内容。在输入关键字时，可以用英文状态下的"?"表示一个字符，用英文状态下的"*"表示任意多个字符。

三、任务实施

（一）导入数据

用户可以直接将计算机中WPS所支持的其他文件数据导入工作表，如数据库文件、文本文件、Excel文件等。具体操作如下。

（1）新建一个名为"产品订单明细表.et"的工作簿，单击"数据"选项卡中的"导入数据"按钮，在弹出的下拉列表中选择"导入数据"选项，打开"WPS表格"对话框，单击 确定 按钮，如图4-38所示。

（2）打开"第一步：选择数据源"对话框，单击 选择数据源(S)... 按钮，如图4-39所示。

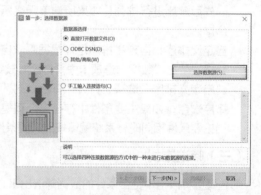

图4-38　导入数据　　　　　　　　　　图4-39　单击"选择数据源"按钮

知识补充　　　　　　　　　　　**导入数据选项**

　　"导入数据"下拉列表中的"自网站链接"选项表示可以通过在地址栏输入数据源网站的方式导入网站中的数据；"连接数据库"选项表示可以导入数据库的数据，此工作簿的数据和此台计算机中的数据；"跨工作簿连接"选项可以查询引用表格数据在本表格内的位置。

（3）打开"打开"对话框，在地址栏中选择数据源的保存位置，在下方的列表框中选择"产品订单数据.txt"选项，然后单击 打开(O) 按钮，如图4-40所示。

（4）打开"文件转换"对话框，单击"下一步"按钮。打开"文本导入向导-3步骤之1"对话框，单击"下一步"按钮，如图4-41所示。

图 4-40 选择数据源

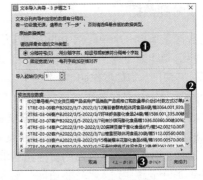

图 4-41 设置分隔符

（5）打开"文本导入向导-3步骤之2"对话框，在"分隔符号"栏中单击选中"Tab键"复选框，在"数据预览"栏中预览分列效果，然后单击 下一步(N) 按钮，如图4-42所示。注意：分隔符号应该与提供中的素材中所使用的分隔符号保持一致，避免出现导入效果不一致的情况。

（6）在目标区域栏下的列表框中选择A2单元格，然后单击"完成"按钮，如图4-43所示。

图 4-42 预览分列效果

图 4-43 预览导入的数据

（7）删除A列的数据，如图4-44所示。

（8）选择B列中任意一个单元格，在"开始"选项卡中单击"排序"按钮 下方的下拉按钮，在打开的下拉列表中选择"升序"选项，如图4-45所示。

图 4-44 删除 A 列数据

图 4-45 升序排列后的效果

（二）分列数据

分列数据是指将一个单元格中的内容按照指定的条件分成多个单独的列。下面将产品订单明细表的"订交货日期"列中的数据分成两列，使订购日期和交货日期分开显示。具体操作如下。

（1）将"sheet1"工作表重命名为"3月"，然后在A1单元格中输入标题，并对数据区域的单元格字体格式、对齐方式、边框等进行设置。

（2）选择D列，右击，在弹出的快捷菜单中选择"插入"命令，系统将在该列前面插入一列空白列（这样在分列时就不会占用有内容的单元格），然后将C2单元格中的内容更改为"订购日期"，并在D2单元格中输入"交货日期"文本。

（3）选择C3:C19单元格区域，单击"数据"选项卡中的"分列"按钮 ，如图4-46所示。

（4）打开"文本分列向导-3步骤之1"对话框，单击 下一步(N)> 按钮，打开"文本分列向导-3步骤之2"对话框，在"分隔符号"栏中单击选中"其他"复选框，并在其后的文本框中输入"-"符号后，便可在"数据预览"栏中预览分列效果，然后单击 下一步(N)> 按钮，如图4-47所示。

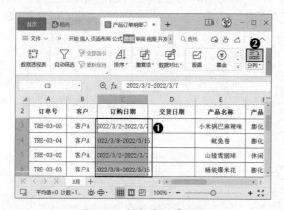

图4-46　单击"分列"按钮

图4-47　设置分隔符号

（5）打开"文本分列向导-3步骤之3"对话框，在"列数据类型"栏中单击选中"日期"单选项，然后单击 完成(F) 按钮，如图4-48所示。

（6）返回工作表后，系统将根据指定条件分列数据，如图4-49所示。

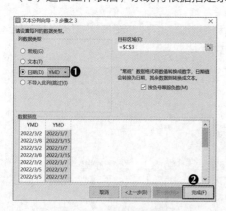

图4-48　设置列数据类型

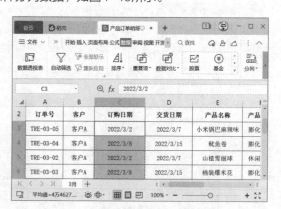

图4-49　分列效果

（三）按条件排序数据

在WPS表格中可以按条件排序数据，在管理产品订单明细表时，可以通过该功能设置单个条件或多个条件来查看表格的数据。按多个条件排序数据时，需要先根据主要条件排序，再根据次要条件排序。具体操作如下。

微课视频

按条件排序数据

（1）选择数据区域中的任意单元格，单击"数据"选项卡中"排序"按钮 下方的下拉按钮，在弹出的下拉列表中选择"自定义排序"选项。

（2）打开"排序"对话框，在"主要关键字"下拉列表框中选择"订单号"选项，单击 ＋添加条件(A) 按钮，增加一个次要条件，在"次要关键字"下拉列表框中选择"客户"选项，其他保持默认设置，然后单击 确定 按钮，如图4-50所示。

（3）系统将按照指定的排序条件重新排序数据，如图4-51所示。

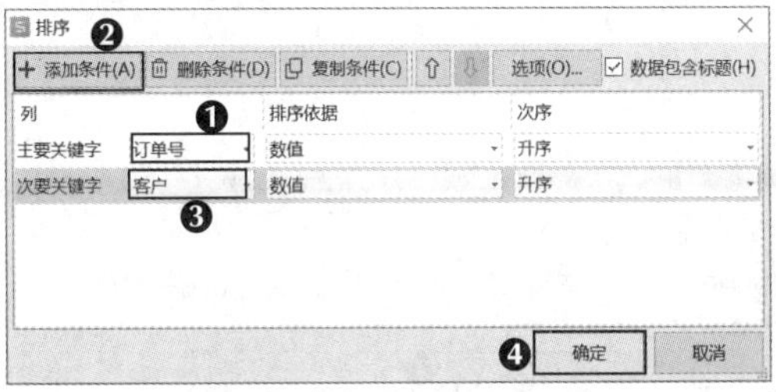

图 4-50　设置排序条件

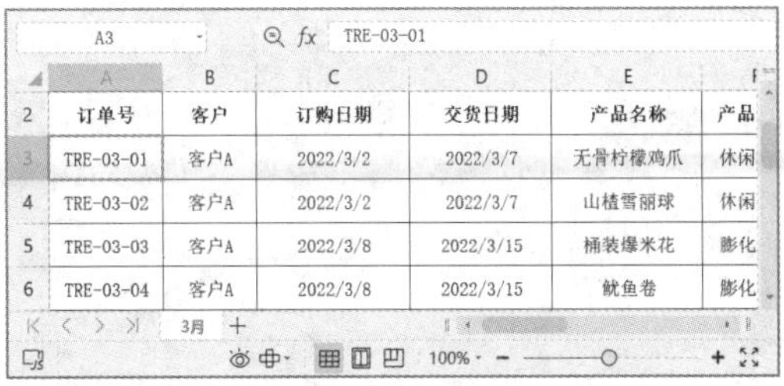

图 4-51　排序结果

知识补充

自定义序列

在"排序"对话框中设置好排序关键字后，在其对应的"次序"下拉列表框中选择"自定义序列"选项，打开"自定义序列"对话框，在"输入序列"列表框中输入需要的序列，然后单击 添加(A) 按钮添加序列，接着单击 确定 按钮，返回"排序"对话框，再次单击 确定 按钮后，即可按照输入的序列排序。

（四）自动筛选数据

管理产品订单明细表的过程中，可以根据需要自动筛选数据。下面将根据"筛选"下拉列表筛选符合条件的数据。具体操作如下。

微课视频

自动筛选数据

（1）选择A2:L2单元格区域，单击"数据"选项卡中的"自动筛选"按钮，所选区域的单元格右下角将会出现一个筛选下拉按钮。

（2）单击B2单元格右下角的筛选下拉按钮，在弹出的下拉列表的"名称"栏中取消选中"客户B"复选框，然后单击 确定 按钮，如图4-52所示。

（3）表格中将只显示与"客户A"和"客户C"相关的数据记录，如图4-53所示。

（4）单击J2单元格右下角的筛选下拉按钮，在弹出的下拉列表中单击"数字筛选"选项卡，在弹出的下拉列表中选择"大于或等于"选项，如图4-54所示。

（5）打开"自定义自动筛选方式"对话框，在"总价"栏的"大于或等于"下拉列表框右侧列表框中输入"1000"，然后单击 确定 按钮，如图4-55所示。

（6）返回工作表中，可查看数据的筛选结果。

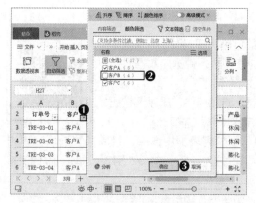

图 4-52　设置筛选条件

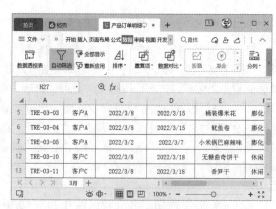

图 4-53　筛选结果

图 4-54　选择筛选条件

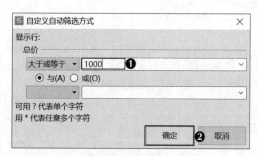

图 4-55　设置筛选条件

（五）添加筛选分析图表

WPS表格提供的筛选功能包含了图表功能，用户可以根据需要为筛选出来的数据添加图表，以便更直观地查看和分析数据。具体操作如下。

微课视频

添加筛选分析图表

（1）单击F2单元格右下角的筛选下拉按钮 ，在弹出的下拉列表中单击"分析"按钮 ，如图4-56所示。

（2）打开"筛选分析"任务窗格，其中显示了该工作表的筛选条件，并根据筛选条件和F2单元格的字段列出了分析图表，单击"编辑"按钮 ，如图4-57所示。

图 4-56　单击"分析"按钮

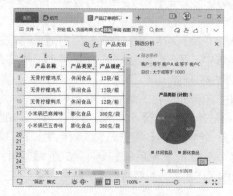

图 4-57　单击"编辑"按钮

（3）打开"筛选分析图表(1)"对话框，在"对"下拉列表框中选择"订购数量"选项，在"进行"下拉列表框中选择"求和"选项，并在"图表标题"栏下的文本框中输入"不同产品类别的订购数量统计分析"文本，然后单击 应用 按钮，如图4-58所示。

（4）返回工作表后，所做的更改将应用于图表中，然后单击 关闭 按钮关闭"筛选分析图表(1)"对话框，在"筛选分析"任务窗格中可查看图表效果，如图4-59所示。

图 4-58　编辑筛选分析图表数据

图 4-59　编辑后的图表

知识补充　　　　　　　　　　**导出图表**

　　单击"筛选分析"任务窗格右下角的"更多"按钮...，在弹出的下拉列表中选择"导出图表至新工作表"选项，可将图表导出到当前工作簿的新工作表中；选择"图表导出为图片"选项，可打开"另存为图片"对话框，将其以图片的形式进行保存。

任务三　突出显示"销售业绩统计表"表格数据

经过一段时间的练习后，米拉的表格制作水平有了显著的提升，于是老洪交给了米拉一个新的任务，要求米拉将表格中一些重要的销售数据以不同的形式突出显示，以便查看和分析表格数据。本任务的参考效果如图4-60所示。

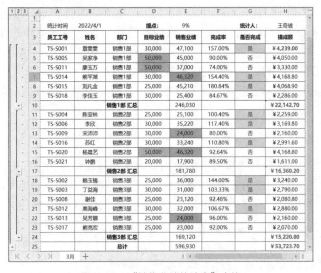

图4-60　"销售业绩统计表"表格

素材所在位置	素材文件＼项目四＼销售业绩统计表 .et
效果所在位置	效果文件＼项目四＼销售业绩统计表 .et

一、任务描述

（一）任务背景

要想直观了解销售各部门的业绩完成情况，就需要查看销售业绩统计表。在制作销售业绩统计表时，既可以以日、月、季度为时间节点进行统计，也可以以半年、年为时间节点进行统计。突出显示"销售业绩统计表"数据，是为了便于查看重要的数据，并通过这些数据来了解具体的销售情况。

（二）任务目标

（1）能够快速标记表格中的重复数据。
（2）能够以指定的格式显示符合条件的数据。
（3）能够根据实际需要新建条件格式并突出显示数据。
（4）能够分类汇总数据。

二、相关知识

在查看销售数据类表格时，经常会用到条件格式和数据对比等相关知识。

（一）条件格式

WPS 表格提供了突出显示单元格规则、项目选取规则、数据条、色阶和图标集 5 种条件格式，可以对表格中的数据按照指定的条件进行判断，并返回指定格式的数据，以突出显示表格中重要的数据。

- **突出显示单元格规则：** 用于突出显示工作表中满足某个条件的数据，如大于某个数据、小于某个数据、介于某两个数据之间、等于某个数据、文本包含某个数据等。
- **项目选取规则：** 用于突出显示前几项、后几项、高于平均值或低于平均值的数据。
- **数据条：** 用于标识单元格值的大小，数据条越长，表示单元格中的值越大，反之，则值越小。
- **色阶：** 将不同范围内的数据用不同的渐变颜色进行区分。
- **图标集：** 以不同的形状或颜色表示数据的大小，可以按阈值将数据分为3～5个类别，每个图标代表一个数值范围。

（二）数据对比

核对多个报表的数据或查看数据较多的表格时，直接查看难免会出现失误，此时就可以通过WPS 表格提供的数据对比功能对数据进行对比、标记，或者提取数据中相同或不同的数据。数据对比的方法是：选择数据区域，单击"数据"选项卡中的"数据对比"按钮，弹出的下拉列表中有"标记重复数据""提取重复数据""标记唯一数据""提取唯一数据"选项，选择需要的选项即可进行对比操作。

- **标记重复数据：** 用指定颜色标记所选区域中的重复数据。

- **提取重复数据：**将所选区域中的重复数据提取到新工作表，并可根据需要提取数据标题和显示重复的次数。
- **标记唯一数据：**用指定的颜色标记所选数据区域中的唯一数据。
- **提取唯一数据：**将所选区域中的唯一数据提取到新工作表，并可根据需要确定重复的数据是保留一条，还是全部删除。

三、任务实施

（一）标记重复数据

微课视频
标记重复数据

在WPS表格中，既可以标记单区域的重复数据，也可以标记多区域的重复数据，用户可以根据实际情况进行选择。下面将通过数据对比功能标记"销售业绩统计表.et"中的重复数据。具体操作如下。

（1）打开"销售业绩统计表.et"工作簿，选择E4:E21单元格区域，单击"数据"选项卡中的"数据对比"按钮，在弹出的下拉列表中选择"标记重复数据"选项，如图4-61所示。

（2）打开"标记重复数据"对话框，确认列表区域后，在"标记颜色"下拉列表框中选择"浅绿"选项，然后单击 确认标记 按钮，如图4-62所示。

（3）返回工作表后，E4:E21单元格区域中的重复数据将以浅绿色底纹突出显示。

图 4-61　选择数据对比选项　　　　　图 4-62　标记重复数据设置

知识补充　　　　　　　　　　**重复项设置**

　　选择某个单元格区域后，单击"数据"选项卡中的"重复项"按钮，在弹出的下拉列表中选择"设置高亮重复项"选项，重复数据的单元格将以橙色底纹突出显示；选择"拒绝录入重复项"选项，在所选单元格区域中录入数据时，如果录入了重复数据，系统会提示检查输入内容的准确性；选择"删除重复项"选项，系统将删除重复项数据，且只保留一项数据。

（二）突出显示符合条件的数据

微课视频
突出显示符合条件的数据

当需要查看数据表中某些数据时，可以使用"突出显示单元格规则"功能来突出显示符合条件的数据。下面将"销售业绩统计表"表格中的"是否完成"列中包含"是"文本的数据突出显示。具体操作如下。

（1）选择G4:G21单元格区域，单击"开始"选项卡中的"条件格式"按钮，在弹出的下拉列表中选择"突出显示单元格规则"选项，在弹出的子列表中选择"文本包含"选项，如图4-63所示。

（2）打开"文本中包含"对话框，在参数框中输入"是"文本，在"设置为"下拉列表框中选择"绿填充色深绿色文本"选项，然后单击 确定 按钮，如图4-64所示。

（3）返回工作表后，G4:G21单元格区域中包含"是"文本的单元格将突出显示。

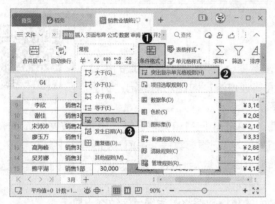

图4-63 选择"突出显示单元格规则"选项

图4-64 设置条件格式

知识补充　　　　　　　清除条件格式

单击"开始"选项卡中的"条件格式"按钮，在弹出的下拉列表中选择"清除规则"选项，在弹出的子列表中选择"清除所选单元格的规则"选项，可清除当前所选单元格或单元格区域中的条件格式，选择"清除整个工作表中的规则"选项，可清除整个工作表中的条件格式。

（三）突出显示前5项数据

当需要查看工作表中前几项数据时，可以通过条件格式设置突出显示需要查看的那几项数据。下面在"销售业绩统计表"表格中使用"项目选取规则"功能，突出显示提成额在前5项的数据。具体操作如下。

（1）选择H4:H21单元格区域，单击"开始"选项卡中的"条件格式"按钮，在弹出的下拉列表中选择"项目选取规则"选项，在弹出的子列表中选择"前10项"选项。

（2）打开"前10项"对话框，在数值框中输入"5"，在"设置为"下拉列表框中选择"自定义格式"选项，如图4-65所示。

（3）打开"单元格格式"对话框，单击"字体"选项卡，在"字形"列表框中选择"粗体"选项，在"颜色"下拉列表框中选择"红色"选项，然后单击 确定 按钮，如图4-66所示。

（4）返回"前10项"对话框，单击 确定 按钮，返回工作表后，可查看符合条件的单元格数据的效果。

微课视频

突出显示前5项数据

图4-65 选择"自定义格式"选项

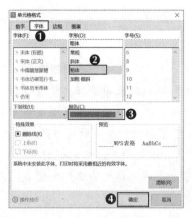

图4-66　设置字体格式

（四）新建条件格式

微课视频

新建条件格式

当内置的条件格式不能满足需要时，用户可以根据实际需求新建条件格式。具体操作如下。

（1）选择D4:D21单元格区域，单击"开始"选项卡中的"条件格式"按钮圖，在弹出的下拉列表中选择"新建规则"选项。

（2）打开"新建格式规则"对话框，在"选择规则类型"列表框中选择"使用公式确定要设置格式的单元格"选项，在"只为满足以下条件的单元格设置格式"参数框中输入公式"=$D4>30000"，然后单击 格式(F)... 按钮，如图4-67所示。

（3）打开"单元格格式"对话框，单击"图案"选项卡，在"颜色"栏中单击"橙色，着色4"色块，然后单击 确定 按钮，如图4-68所示。

图 4-67　新建格式规则

图 4-68　设置单元格格式

（4）返回"新建格式规则"对话框，单击 确定 按钮，返回工作表，可查看突出显示单元格数据的效果。

| 知识补充 | 管理条件格式 |

在"条件格式"下拉列表中选择"管理规则"选项，打开"条件格式规则管理器"对话框，在"显示其格式规则"下拉列表框中选择"当前工作表"选项，系统将显示工作表中的所有条件格式，若单击 编辑规则(E) 按钮，则可在"编辑规则"对话框中对选择的规则进行修改；在某规则对应的"应用于"参数框中可更改应用规则的单元格区域；单击 删除规则(D) 按钮，可删除当前选择的规则。

（五）分类汇总数据

应用分类汇总功能可快速将相同类别的数据按照指定的汇总方式进行统计，在汇总之前，还需要将相同的分类字段排列在一起，以便于统计工作的进行。具体操作如下。

微课视频
分类汇总

（1）选择A3:H21单元格区域，单击"数据"选项卡中"排序"按钮下方的下拉按钮，在弹出的下拉列表中选择"自定义排序"选项，打开"排序"对话框。在"主要关键字"下拉列表框中选择"部门"选项，然后单击 确定 按钮，如图4-69所示。

（2）选择A3:H21单元格区域，单击"数据"选项卡中的"分类汇总"按钮，如图4-70所示。

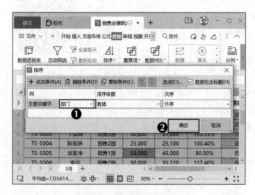

图4-69　设置排序条件　　　　　图4-70　单击"分类汇总"按钮

（3）打开"分类汇总"对话框，在"分类字段"下拉列表框中选择"部门"选项，在"汇总方式"下拉列表框中选择"求和"选项，在"选定汇总项"列表框中单击选中"销售业绩"和"提成额"复选框，然后单击 确定 按钮，如图4-71所示。

（4）返回工作表后，可查看分类汇总后的效果。单击左侧的图标，可显示2级数据（也就是汇总数据），如图4-72所示。

图 4-71　设置分类汇总　　　　　　　　　图 4-72　2 级汇总数据

　知识补充

多重分类汇总

　　如果需要汇总多个字段，就需要用到多重分类汇总功能。其方法与一般分类汇总的方法相同，但在执行第二重分类汇总操作时，需要在"分类汇总"对话框中取消选中"替换当前分类汇总"复选框，以表示当前的分类汇总结果不会替换前一重分类汇总结果；如果单击选中该复选框，则表示当前分类汇总结果会替换前一重分类汇总结果，结果只会保留最后一重分类汇总结果。

实训一　制作"员工入职登记表"表格

【实训要求】

　　员工入职登记表是新员工办理入职手续时必须填写的资料，它所包含的内容必须正确，格式必须规范。所以，在制作员工入职登记表时，一定要注意格式的设置。制作完成后的效果如图4-73所示。

图 4-73　"员工入职登记表"表格

效果所在位置 效果文件\项目四\员工入职登记表.et

【实训思路】

　　员工入职登记表主要包含了员工的基本信息、联系方式、教育经历、工作经历、家庭主要成员、个人自述及备注等部分，以助于公司人员快速了解员工信息。

【步骤提示】

　　要完成本实训，应先在表格中输入需要的数据，然后再对表格格式进行设置，最后将制作好的表格打印出来。具体步骤如下。

　　（1）新建"员工入职登记表.et"工作簿，在工作表中输入相应的数据，再对单元格的合并方式、字体格式和对齐方式等进行设置。

　　（2）对单元格的行高和列宽进行设置，并为单元格添加边框线。

　　（3）预览表格打印效果，并打印。

实训二　制作和管理"员工费用报销明细表"表格

【实训要求】

　　4月已过，但4月的员工费用报销明细表还未制作出来，于是老洪让米拉制作该表格，并要求按照费用发生的先后顺序排列数据，同时还要突出显示已报销的数据。制作完成后的效果如图4-74所示。

 效果所在位置 效果文件\项目四\员工费用报销明细表.et

图4-74　"员工费用报销明细表"表格

【实训思路】

　　员工费用报销明细表是指把员工领用款项或收支账目开列清单，报请上级核销的一种表格，其内容主要包括费用发生的日期、部门、报销人、报销类型、内容说明、费用金额、报销状态、报销日期和发票凭证等，部分内容可按照公司的要求进行增减。

【步骤提示】

　　本实训主要涉及设置下拉列表、设置单元格格式、美化表格、排序数据、新建条件格式等操作。具体步骤如下。

（1）新建并保存"员工费用报销明细表.et"工作簿，然后通过直接输入和添加下拉列表的方式来输入表格数据。

（2）对单元格格式进行设置，并为其套用样式和添加需要的边框线。

（3）按"费用日期"字段进行升序排列，然后新建条件格式以突出显示"已报销"文本所在的单元格。

课后练习

本项目主要介绍了工作簿的新建与保存、工作表的重命名和复制、表格数据的输入与填充、下拉列表和数据有效性的设置、数字格式的设置、单元格格式的设置、表格的美化、表格的冻结、表格的打印、数据的导入、数据的分列、数据的筛选与排序、标记重复数据、突出显示数据、分类汇总数据等相关知识。这些知识都是制作和编辑表格时会经常用到的，灵活应用可以提高表格的制作效率。

练习1：制作和管理"办公用品采购表"表格

本练习要求在新建的工作簿中输入表格数据，并对单元格格式、数字格式、边框和底纹等进行设置，使表格数据排列有序，然后将其打印3份。参考效果如图4-75所示。

 效果所在位置 效果文件\项目四\办公用品采购表.et

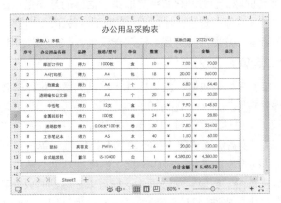

图4-75 "办公用品采购表"表格

操作要求如下。

- 新建一个名为"办公用品采购表.et"的工作簿，然后在工作表中输入和填充需要的数据。
- 对单元格的字体格式、对齐方式、数字格式、行高和列宽等进行设置。
- 为表格添加需要的边框和底纹，并将表格打印出来。

练习2：突出显示"绩效考核表"表格数据

本练习要求突出显示"绩效考核表"表格中的重要数据，以便查看和分析表格数据。参考效果如图4-76所示。

 素材所在位置 素材文件\项目四\绩效考核表.et

效果所在位置 效果文件\项目四\绩效考核表.et

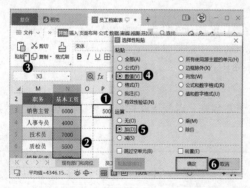

图 4-76　"绩效考核表"表格

操作要求如下。

- 打开"绩效考核表.et"工作簿，突出显示J列的重复数据。
- 使用内置的项目选取规则、图标集、色阶等条件格式突出显示D列、F列和G列的数据。

技巧提升

1. 使用HR助手提取身份信息

在制作表格时，若需要在表格中输入出生年月、性别、年龄、地址等信息，可以利用HR助手根据输入的身份证号码自动提取。使用HR助手提取身份信息的方法是：在表格中选择身份证号码所在的数据区域，单击"会员专享"选项卡中的"HR助手"按钮⑱，打开"HR助手"任务窗格，单击"身份证信息提取"选项。需要注意的是，该功能仅供WPS会员使用。

2. 通过粘贴实现简单运算

WPS表格中的粘贴除了有粘贴数值、粘贴格式、粘贴列宽、粘贴有效性验证、粘贴公式、粘贴时进行行列转置等选择性粘贴方式外，还有加、减、乘、除等简单运算功能，用户可以通过复制粘贴对表格数据进行计算。通过粘贴实现简单运算的方法是：在工作表的空白单元格中输入数据，然后按【Ctrl+C】组合键，接着选择需要进行计算的数据区域，单击"开始"选项卡中"粘贴"按钮⑥下方的下拉按钮▾，在弹出的下拉列表中选择"选择性粘贴"选项，打开"选择性粘贴"对话框。在"粘贴"栏中单击选中"数值"单选项（这样可以在粘贴时只粘贴计算结果，不粘贴单元格的格式），在"运算"栏中单击选中某个计算方式的单选项，如单击选中"加"单选项，再单击 确定 按钮，返回工作表后，所选单元格区域中的数值都将自动加上"500"，如图4-77所示。

图 4-77　粘贴时执行运算

3. 自动换行显示

默认情况下，当单元格中输入的数据超过单元格本身的宽度时，部分文字就将无法显示，此时可以设置单元格中的数据根据列宽自动换行显示。设置自动换行显示的方法是：选择单元格或单元格区域，单击"开始"选项卡中的"自动换行"按钮 ，单元格中的文本将自动根据列宽换行显示。

4. 分页预览打印

分页预览打印是指通过分页预览视图对打印页面进行查看和调整。分页预览打印的方法是：单击"视图"选项卡中的"分页预览"按钮 ，进入分页预览视图，在该视图模式中可显示打印的页数。如果需要调整分页符的位置，则可将鼠标指针移动到蓝色的分隔线上，当鼠标指针变成 形状时拖曳，如图4-78所示，释放鼠标后，即可调整打印的页数，如图4-79所示。

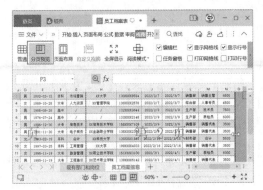

图4-78　分页预览视图

图4-79　调整分页

5. 打印网格线

打印表格时，默认不会打印网格线，如果表格没有边框，那么在打印时，可以选择打印网格线，便于行与行、列与列之间的区分。打印网格线的方法是：在"视图"选项卡中单击选中"打印网格线"复选框，再执行打印操作。

6. 使用记录单输入、审核数据

记录单可以方便用户对表格中的数据记录执行添加、修改、查找和删除等操作，用户可避免在输入和修改数据时来回切换行、列位置，从而有利于数据管理。使用记录单输入、审核数据的方法是：选择需要输入数据的任意单元格，单击"数据"选项卡中的"记录单"按钮 ，打开工作表标签对应的记录单对话框，在文本框中依次输入第一条记录（按行输入），输入完成后单击 新建(W) 按钮，可继续输入其他记录；单击 上一条(P) 按钮，可切换到上一条记录，并可对内容进行修改；单击 下一条(N) 按钮，可切换到下一条记录；单击 删除(D) 按钮可删除当前记录，如果记录有内容，则会弹出提示对话框。

7. 创建组

在编辑数据较多的表格时，可以利用创建组功能将数据分组显示，从而更加直观地观察数据、整理数据。创建组的方法是：选择需要分组的数据区域，单击"数据"选项卡中的"创建组"按钮 ，打开"创建组"对话框，选择以行或列的方式创建组后，单击 确定 按钮，所选区域将被创建成一组。单击工作表编辑区左侧的 - 按钮，可折叠创建分组的数据；单击 + 按钮，可展开组的数据。

项目五

计算和分析WPS表格中的数据

情景导入

老洪让米拉对各部门每月的销售额进行统计，得到的结果让老洪哭笑不得。虽然米拉是按照要求做的，但统计结果是米拉自己计算后输入的，而不是在软件中利用公式或函数计算的。一问原因才知道，米拉对WPS表格中的公式、函数并不熟悉，所以，也不知道该如何应用公式和函数计算表格数据。

老洪告诉米拉，数据的计算和分析功能是WPS表格的一大亮点，有助于用户按照需要统计和展示数据，而且WPS表格提供了大量函数，能帮助用户完成各种各样的计算。

听完老洪的介绍后，米拉对WPS表格的数据计算和分析功能产生了浓厚的兴趣，决定开始学习计算和分析WPS表格数据的相关知识。

学习目标

- 能够使用公式和函数完成各种计算
- 能够使用不同的图表展示表格中的数据
- 能够使用数据透视表分析数据
- 能够使用数据透视图展示、筛选数据透视表中的数据

素养目标

- 提高计算表格数据的效率
- 认识与应用不同类型图表
- 合理使用数据透视表和数据透视图分析数据

任务一　计算"员工工资表"表格数据

每个月的15号是公司给员工发放上个月工资的日期，在发放工资之前，相关人员必须制作出员工工资表，并将其制作成工资条发放给员工，让员工进行确认，确认无误后再发放工资。今天已经10号了，工资表还没制作出来，于是老洪让米拉赶紧制作工资表，并要求工资表中的数据尽量用公式或函数计算，这样即使出现错误也方便修改。本任务的参考效果如图5-1所示。

素材所在位置　素材文件\项目五\员工工资表.et

效果所在位置　效果文件\项目五\员工工资表.et

4月工资表

员工编号	姓名	部门	基本工资	生活补贴	工龄工资	全勤奖	提成工资	应发工资	考勤扣款	社保代扣	个税预缴代扣	应扣工资	实发工资
SY-0001	朱小军	销售部	¥5,000.00	¥200.00	¥700.00	¥0.00	¥10,000.00	¥15,900.00	¥80.00	¥387.50	¥833.25	¥1,300.75	¥14,599.25
SY-0002	冯琴	财务部	¥6,000.00	¥200.00	¥450.00	¥100.00	¥0.00	¥6,750.00	¥0.00	¥387.50	¥40.87	¥428.38	¥6,321.62
SY-0003	李酷悦	综合部	¥4,500.00	¥200.00	¥450.00	¥0.00	¥0.00	¥5,150.00	¥30.00	¥387.50	¥0.00	¥417.50	¥4,732.50
SY-0004	邹文静	财务部	¥6,000.00	¥200.00	¥350.00	¥100.00	¥0.00	¥6,650.00	¥0.00	¥387.50	¥37.87	¥425.38	¥6,224.62
SY-0005	王超	销售部	¥3,000.00	¥200.00	¥450.00	¥0.00	¥5,580.00	¥9,230.00	¥50.00	¥387.50	¥169.25	¥606.75	¥8,623.25
SY-0006	洪伟	生产部	¥5,000.00	¥200.00	¥250.00	¥0.00	¥0.00	¥5,450.00	¥100.00	¥387.50	¥0.00	¥487.50	¥4,962.50
SY-0007	张海峰	销售部	¥3,000.00	¥200.00	¥200.00	¥0.00	¥4,380.00	¥7,780.00	¥0.00	¥387.50	¥71.77	¥459.28	¥7,320.72
SY-0008	袁辛玲	综合部	¥4,500.00	¥200.00	¥350.00	¥100.00	¥0.00	¥5,150.00	¥0.00	¥387.50	¥0.00	¥387.50	¥4,762.50
SY-0009	付晓宇	生产部	¥5,000.00	¥200.00	¥400.00	¥0.00	¥0.00	¥5,600.00	¥20.00	¥387.50	¥5.77	¥413.28	¥5,186.72
SY-0010	郭凯	生产部	¥5,000.00	¥200.00	¥350.00	¥100.00	¥0.00	¥5,350.00	¥0.00	¥387.50	¥0.00	¥387.50	¥4,962.50
SY-0011	陈静	财务部	¥6,000.00	¥200.00	¥450.00	¥0.00	¥0.00	¥6,650.00	¥80.00	¥387.50	¥35.47	¥502.98	¥6,147.02
SY-0012	谭桦	销售部	¥3,000.00	¥200.00	¥200.00	¥0.00	¥6,241.50	¥9,641.50	¥20.00	¥387.50	¥213.40	¥620.90	¥9,020.60
SY-0013	邢一一	销售部	¥3,000.00	¥200.00	¥100.00	¥0.00	¥4,620.00	¥8,020.00	¥0.00	¥387.50	¥78.97	¥466.48	¥7,553.52
SY-0014	王乐文	生产部	¥5,000.00	¥200.00	¥250.00	¥0.00	¥0.00	¥5,450.00	¥50.00	¥387.50	¥0.37	¥437.88	¥5,012.12
SY-0015	杨雪华	生产部	¥5,000.00	¥200.00	¥350.00	¥0.00	¥0.00	¥5,550.00	¥10.00	¥387.50	¥4.57	¥402.08	¥5,147.92

工作表标签：4月提成表　4月考表　4月工资表　4月各部门工资汇总

4月工资条

姓名	部门	基本工资	生活补贴	工龄工资	全勤奖	提成工资	应发工资	考勤扣款	社保代扣	个税预缴代扣	应扣工资	实发工资
朱小军	销售部	¥5,000.00	¥200.00	¥700.00	¥0.00	¥10,000.00	¥15,900.00	¥80.00	¥387.50	¥833.25	¥1,300.75	¥14,599.25

姓名	部门	基本工资	生活补贴	工龄工资	全勤奖	提成工资	应发工资	考勤扣款	社保代扣	个税预缴代扣	应扣工资	实发工资
冯琴	财务部	¥6,000.00	¥200.00	¥450.00	¥100.00	¥0.00	¥6,750.00	¥0.00	¥387.50	¥40.87	¥428.38	¥6,321.62

姓名	部门	基本工资	生活补贴	工龄工资	全勤奖	提成工资	应发工资	考勤扣款	社保代扣	个税预缴代扣	应扣工资	实发工资
李酷悦	综合部	¥4,500.00	¥200.00	¥450.00	¥0.00	¥0.00	¥5,150.00	¥30.00	¥387.50	¥0.00	¥417.50	¥4,732.50

姓名	部门	基本工资	生活补贴	工龄工资	全勤奖	提成工资	应发工资	考勤扣款	社保代扣	个税预缴代扣	应扣工资	实发工资
邹文静	财务部	¥6,000.00	¥200.00	¥350.00	¥100.00	¥0.00	¥6,650.00	¥0.00	¥387.50	¥37.87	¥425.38	¥6,224.62

姓名	部门	基本工资	生活补贴	工龄工资	全勤奖	提成工资	应发工资	考勤扣款	社保代扣	个税预缴代扣	应扣工资	实发工资
王超	销售部	¥3,000.00	¥200.00	¥450.00	¥0.00	¥5,580.00	¥9,230.00	¥50.00	¥387.50	¥169.25	¥606.75	¥8,623.25

姓名	部门	基本工资	生活补贴	工龄工资	全勤奖	提成工资	应发工资	考勤扣款	社保代扣	个税预缴代扣	应扣工资	实发工资
洪伟	生产部	¥5,000.00	¥200.00	¥250.00	¥0.00	¥0.00	¥5,450.00	¥100.00	¥387.50	¥0.00	¥487.50	¥4,962.50

部门	基本工资	生活补贴	工龄工资	全勤奖	提成工资	应发工资	考勤扣款	社保代扣	个税预缴代扣	应扣工资	实发工资
销售部	¥29,000.00	¥1,800.00	¥1,850.00	¥500.00	¥51,842.50	¥84,992.50	¥170.00	¥3,487.54	¥1,883.34	¥5,540.88	¥79,451.62
财务部	¥24,000.00	¥800.00	¥1,500.00	¥200.00	¥0.00	¥26,500.00	¥120.00	¥1,550.02	¥144.90	¥1,814.92	¥24,685.08
综合部	¥18,000.00	¥800.00	¥1,100.00	¥200.00	¥0.00	¥20,100.00	¥190.00	¥1,550.02	¥0.00	¥1,740.02	¥18,359.98
生产部	¥35,000.00	¥1,400.00	¥1,550.00	¥200.00	¥0.00	¥38,150.00	¥260.00	¥2,712.53	¥15.60	¥2,988.13	¥35,161.87

图5-1　"员工工资表"表格

一、任务描述

（一）任务背景

工资表又称工资结算表，可用于核算员工的工资。员工工资表一般包括工资表和工资条两部分，其中工资表用于统计所有员工的工资，包括应发工资、代扣款项和实发工资等部分，而工资条需要发放给员工，使员工明确工资的详细情况。制作工资表时，合理利用公式和函数能有效提高数据的准确性和工作效率。

（二）任务目标

（1）能够直接引用其他工作表的数据，并完成一些简单的数据计算。
（2）能够应用函数计算表格中的数据。
（3）能够根据工资表生成工资条。
（4）能够使用合并计算功能汇总数据。

二、相关知识

在 WPS 表格中，要想灵活使用公式和函数来计算数据，就要掌握公式和函数的相关知识。

（一）单元格引用

使用公式和函数计算数据时，需要引用数据区域所在的单元格。公式中常用的单元格引用包括相对引用、绝对引用和混合引用。

- **相对引用：** 公式中的单元格地址会随着存放计算结果的单元格位置的变化而自动变化；也就是说，将公式复制到其他单元格时，单元格中公式的引用位置会发生相应的变化，但引用的单元格与包含公式的单元格的相对位置不变。
- **绝对引用：** 引用单元格的绝对地址，被引用单元格与引用单元格之间的关系是绝对的。绝对引用中，单元格地址行号和列标前都有一个"＄"符号，表示单元格的位置已固定，无论将公式复制到哪里，引用的单元格都不会发生任何变化。
- **混合引用：** 相对引用与绝对引用同时存在于一个单元格引用中，包括绝对列和相对行（列标前有"＄"符号）、绝对行和相对列（行号前有"＄"符号）两种形式。在复制和填充公式时，绝对引用的部分始终保持绝对引用的性质，不会随单元格的变化而变化，相对引用的部分同样保持相对引用的性质，会随单元格的变化而变化。

知识补充   **跨工作表和工作簿引用**

    引用同一工作簿其他工作表中的单元格数据时，需要在单元格地址前加上工作表标签和英文状态下的"！"符号，形式为"工作表标签 !＋单元格引用"；引用其他工作簿的工作表中的单元格数据时，需要在跨工作表引用的形式前加上工作簿名称，形式为"[工作簿名称] ＋工作表标签 !＋单元格引用"。

（二）运算符的优先级

根据运算类型的不同，WPS 表格中的运算符可分为引用运算符、算术运算符、文本运算符和比较运算符 4 种，不同的运算符有不同的计算顺序。当公式中同时有多个运算符时，系统将按照运算符的优先级依次进行计算，相同优先级的运算符将从左到右依次进行计算。

- **引用运算符：** 用于确定公式或函数中参与计算的单元格区域，其返回的结果还是单元格引用，包括冒号（：）、空格和逗号（，）3 种，是第一优先计算的运算符。
- **算术运算符：** 用于完成加、减、乘、除、百分比和乘幂等简单运算，包括加（＋）、减

（-）、乘（*）、除（/）、负号（-）、百分比（%）和乘幂（^）等运算符。计算时，公式或函数按照负号（-）、百分比（%）、乘幂（^）、乘（*）、除（/）、加（+）、减（-）的顺序进行，算术运算符是第二优先计算的运算符。

- **文本运算符：** 用于连接一个或多个文本或数字，得到一个新的文本字符串或数字字符串，只有"&"运算符，是第三优先计算的运算符。
- **比较运算符：** 用于比较两个数的大小，返回的结果只能是逻辑值TRUE或FALSE。若比较的两个数的等式成立，则返回TRUE，不成立则返回FALSE。比较运算符包括等于（=）、大于（>）、小于（<）、大于等于（>=）、小于等于（<=）和不等于（<>）等，是最后计算的运算符。

（三）两类函数参数

在WPS表格中，每一个函数都是一组特定的公式，主要由等号（=）、函数名、括号和函数参数等组成，而函数参数又可分为必需参数和可选参数。

- **必需参数：** 函数公式中必须存在的、不能省略的参数。一般来说，函数的第一个参数都是必需参数，当然，TODAY、NOW等没有函数参数的函数除外。在使用这些函数时，必须在函数后面带上"（）"符号。
- **可选参数：** 函数公式中可以省略也可以存在的参数。当一个函数中有多个可选参数时，可以根据实际情况省略某个或某几个参数。

（四）数组和数组公式

在进行比较复杂的运算或批量运算时，经常会用到数组和数组公式，相对于普通公式，数组公式更加复杂。数组和数组公式分别介绍如下。

- **数组：** 由多个数据组成，按一行、一列或多行多列排列而成。在WPS表格中，数组分为常量数组、区域数组、内存数组和命名数组4种，其中：常量数组由数字、文本、逻辑值、错误值等常量元素组成，并用大括号"{}"括起来，各数据间用分号"；"（用于分隔不同行数组中的元素）或逗号"，"（用于分隔同行数组中的元素）分隔；区域数组实际上就是公式中对单元格区域的直接引用；内存数组是指通过公式计算，将返回的多个结果在内存中构成数组，且作为整体直接嵌入其他公式中继续参与计算；命名数组就是用名称来定义一个常量数组、区域数组或内存数组，即可以在公式中调用的数组。
- **数组公式：** 以数组为参数，按【Ctrl+Shift+Enter】组合键完成编辑的特殊公式，它既可以占用一个单元格，也可以占用多个单元格，其返回的结果个数将根据占用的单元格数量决定。

（五）函数分类

WPS表格根据函数的功能，将函数分为了财务函数、逻辑函数、文本函数、日期和时间函数、查找与引用函数、数学和三角函数、统计函数、信息函数和工程函数等9类。

- **财务函数：** 用于帮助财务人员完成一般的财务计算与分析工作，如计算贷款的支付额、投资的未来值或净现值，以及债券或息票的价值等，常用的财务函数有PV、FV、DB、PPMT、IPMT、CUMPRINC、NPER等。
- **逻辑函数：** 用于测试某个条件的逻辑关系，若条件成立则返回逻辑值TRUE，不成立则返回逻辑值FALSE，常用的逻辑函数有IF、IFERROR、AND、OR等。
- **文本函数：** 用于处理文本字符串，既可以截取、查找或搜索文本中的某个特殊字符，或提取某些字符，也可以改变文本的编写状态，常用的文本函数有LEFT、RIGHT、SUBSTITUTE、FIND等。

- **日期和时间函数：** 用于处理日期和时间值，常用的日期和时间函数有TODAY、DATE、EOMONTH、TIME、WEEKDAY、DAY等。
- **查找与引用函数：** 用于在数据区域中查找或引用满足条件的值，常用的查找与引用函数有LOOKUP、VLOOKUP、INDEX、OFFSET等。
- **数学和三角函数：** 用于各种数学计算，如求和、求乘积、求乘积之和、四舍五入及求余弦值等，常用的数学和三角函数有SUM、SUMIF、SUMPRODUCT等。
- **统计函数：** 用于统计分析一定范围内的数据，如求平均值、最大值、最小值、个数等，常用的统计函数有MAX、MIN、AVERAGEA、COUNTIF等。
- **信息函数：** 用于确定单元格中数据的类型，还可以使单元格在满足一定的条件时返回逻辑值。
- **工程函数：** 主要用于工程应用，可以处理复杂的数字，在不同的计数体系和测量体系之间进行转换，如将二进制数转换为十进制数。

三、任务实施

（一）使用公式计算工资表数据

公式是指以等号"="开头，运用各种运算符号将常量或单元格引用进行组合形成的表达式，一般用于数据的简单运算。在员工工资表中，需要用公式计算员工的各项工资。具体操作如下。

微课视频

使用公式计算工资表数据

（1）打开"员工工资表.et"工作簿，在"4月工资表"工作表中选择D3单元格，输入"="运算符，然后单击"基本工资表"工作表标签，如图5-2所示。

（2）切换到"基本工资表"工作表后，选择E3单元格，编辑栏中将显示引用的公式，如图5-3所示。

（3）按【Enter】键计算出结果，并返回"4月工资表"工作表。然后将鼠标指针移动到D3单元格右下角，向下拖曳至D26单元格，如图5-4所示。

（4）释放鼠标，将D3单元格中的公式填充至D26单元格中，计算出其他员工的基本工资。

（5）在E3:E26单元格区域中输入"200"，然后在F3单元格中输入公式"=基本工资表!F3*50"，按【Enter】键计算出结果，并将该公式向下填充至F26单元格，计算出其他员工的工龄工资，如图5-5所示。

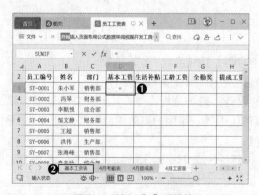

图 5-2 输入"="运算符

图 5-3 引用单元格

图5-4 填充公式

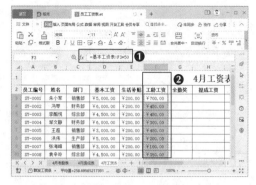

图5-5 计算工龄工资

（6）在J3单元格中输入公式"='4月考勤表'!G3"，并将该公式向下填充至J26单元格，计算出其他员工的考勤扣款金额。

（7）在K3单元格中输入公式"=3726*0.4%+3726*8%+3726*2%"，并将该公式向下填充至K26单元格，计算出其他员工的社保代扣金额。

（8）在N3单元格中输入公式"=I3-M3"，并将该公式向下填充至N26单元格，计算出其他员工的实发工资（因参与计算的I3和M3单元格中还没有数据，所以计算结果是0，但在I3和M3单元格中输入数据后，N3:N26单元格区域中会自动计算出各个员工的实发工资）。

知识补充　　　　　　　　　　　社保代扣计算

工资表中的社保代扣是指个人需要缴纳的养老保险、医疗保险和失业保险部分，不同地区或公司的缴纳基数和比例会有所不同。公式"=3726*0.4%+3726*8%+3726*2%"中的"3726"表示社保缴纳基数，"0.4%"表示失业保险缴费比例，"8%"表示养老保险缴费比例，"2%"表示医疗保险缴费比例。

（二）使用函数计算工资表数据

当需要计算一些较为复杂的数据时，可以借助WPS表格提供的函数来完成。下面使用IF函数、SUM函数、IFNA函数和VLOOKUP函数计算员工工资表中的全勤奖、提成工资、实发工资和应扣工资。具体操作如下。

（1）选择G3单元格，单击"公式"选项卡中的"插入函数"按钮fx，如图5-6所示。

（2）打开"插入函数"对话框，在"选择函数"列表框中选择"IF"选项，然后单击 确定 按钮，如图5-7所示。

（3）打开"函数参数"对话框，在"测试条件"参数框中输入"J3=0"，在"真值"参数框中输入"100"，在"假值"参数框中输入"0"，然后单击 确定 按钮，如图5-8所示。

（4）返回工作表后，将G3单元格中的公式向下填充至G26单元格，计算出其他员工的全勤奖。

（5）在H3单元格中输入公式"=IFNA（VLOOKUP（A3，'4月提成表'!$A$2:$F$11，6，0），0）"，按【Enter】键计算出结果，并将该公式向下填充至H26单元格，计算出其他员工提成工资，如图5-9所示。

微课视频

使用函数计算工资表数据

119

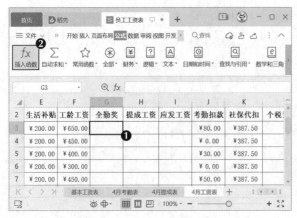

图 5-6 单击"插入函数"按钮

图 5-7 选择"IF"函数

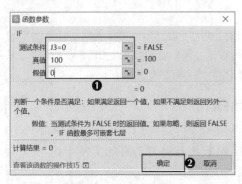

图 5-8 设置函数参数

图 5-9 计算提成工资

知识补充   **IFNA 函数和 VLOOKUP 函数**

    IFNA 函数用于公式返回 #N/A 错误值时指定返回的值，若公式返回 #N/A 错误值，则返回指定的值，否则返回公式的结果；VLOOKUP 函数用于根据给定的条件，在指定的区域中查找与之匹配的数据。公式"=IFNA（VLOOKUP（A3, '4月提成表'!\$A\$2:\$F\$11, 6, 0), 0)"表示根据 A3 单元格的值在"4月提成表"工资表中的 A2:F11 单元格区域中查找并返回第 6 列中符合条件的值，如果返回的结果是 #N/A 错误值，则返回指定的值"0"，否则返回 VLOOKUP 函数查找到的值。

（6）选择I3单元格，单击"公式"选项卡中的"自动求和"按钮∑，此时，该单元格中将自动显示求和公式，如图5-10所示。

（7）确认参与计算的单元格区域，按【Enter】键计算出结果，然后将该公式向下填充至I26单元格，计算出其他员工的应发工资。

（8）在M3单元格中输入公式"=SUM（J3:L3）"，按【Enter】键计算出结果，然后将该公式向下填充至M26单元格，计算出其他员工的应扣工资，如图5-11所示。

图5-10　自动求和

图5-11　计算应扣工资

（三）使用数组公式计算个税

个人所得税＝（税前工资-五险一金-专项附加扣除-年度其他扣除）×税率-速算扣除数，当税前工资大于起征点5 000元时，就需要缴纳个人所得税。目前，工资、薪金所得涉及的个人所得税先按月预缴，年终再进行汇算清缴。下面使用数组公式计算个人所得税（以下简称"个税"）。其具体操作如下。

（1）在L3单元格中输入公式"=MAX（（I3-SUM（J3:K3）-5000）*{3，10，20，25，30，35，45}%-{0，210，1410，2660，4410，7160，15160}，0）"，如图5-12所示。

（2）按【Ctrl+Shift+Enter】组合键，将公式转换为数组公式，并显示计算结果。

（3）将L3单元格中的公式向下填充至L26单元格，计算出其他员工的个税预缴代扣金额，同时应扣工资和实发工资的数值将随之发生变化，如图5-13所示。

> 微课视频
>
> 使用数组公式
> 计算个税

图5-12　输入公式

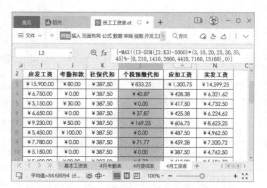

图5-13　计算个税预缴代扣金额

知识补充　　　　　　　　　　　**公式解析**

　　MAX函数用于返回一组值中的最大值，数组公式"=MAX（（I3-SUM（J3：K3）-5000）*{3，10，20，25，30，35，45}%-{0，210，1410，2660，4410，7160，15160}，0）"表示用应发工资减去考勤扣款、社保代扣和起征点"5000"的计算结果与相应税级的税率"{3，10，20，25，30，35，45}%"相乘，乘积结果将保存在内存数组中，再用乘积减去对应的速算扣除数"{0，210，1410，2660，4410，7160，15160}"，得到的结果与"0"进行比较，返回最大值，得到的就是个人所得税。

（四）生成工资条

制作完工资表后，可以通过查找与引用函数自动生成工资条。具体操作如下。

微课视频
生成工资条

（1）复制"4月工资表"工作表，将复制的工作表重命名为"4月工资条"，然后将标题中的"工资表"更改为"工资条"，并删除第3行及第3行后所有含数据的行。

（2）在A3单元格中输入公式"=OFFSET（'4月工资表'!$A$2，ROW（）/3，COLUMN（）-1）"，按【Enter】键，引用第一位员工的员工编号，如图5-14所示。

（3）选择A3单元格，将其公式向右填充至N3单元格，引用第一位员工的工资数据，如图5-15所示。

图5-14 引用员工编号

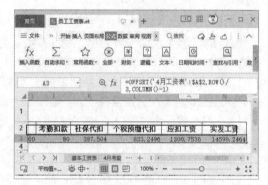

图5-15 填充公式

知识补充　　　　　　　　　　公式解析

OFFSET函数用于以指定的引用为参照系，通过给定的偏移量、行数及列数返回一个新的引用；ROW函数用于返回当前单元格的行号；COLUMN函数用于返回当前单元格的列标。公式"=OFFSET（'4月工资表'!$A$2，ROW（）/3，COLUMN（）-1）"表示以A2单元格为参照系，向下偏移1行["ROW（）/3"得到的结果是1]，向右不偏移["COLUMN（）-1"得到的结果是0]，最后返回A3单元格中的数据。

（4）选择D3:N3单元格区域，将其数字格式设置为带两位小数的"数值"，并添加货币符号和使用千位分隔符。

（5）选择A1:N3单元格区域，向下填充至N72单元格，引用其他员工的工资数据，如图5-16所示。

（6）按【Ctrl+H】组合键，打开"替换"对话框，单击"替换"选项卡，在"查找内容"下拉列表框中输入"*月工资条"文本，在"替换为"下拉列表框中输入"4月工资条"文本，单击 查找全部(I) 按钮后，在对话框下方的列表框中将显示查找到的结果，然后单击 全部替换(A) 按钮，如图5-17所示。

（7）系统将开始替换查找到的数据，完成后在打开的对话框中单击 确定 按钮。

（8）返回"替换"对话框，单击 关闭 按钮，关闭对话框，返回工作表后，查看替换工资条标题后的效果。

图 5-16　引用其他员工的工资数据

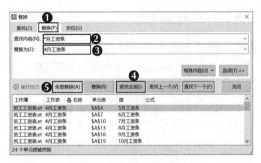

图 5-17　查找与替换数据

（五）按部门汇总工资表数据

对员工工资表中的数据进行汇总分析，可以将同类别的数据汇总到一起，以便查看指定项目的工资情况。具体操作如下。

按部门汇总工资表
数据

（1）新建"4月各部门工资汇总"工资表，选择A1单元格，单击"数据"选项卡中的"合并计算"按钮，如图5-18所示。

（2）打开"合并计算"对话框，单击"引用位置"参数框右侧的按钮，折叠对话框，切换到"4月工资表"工作表，选择C2:N26单元格区域，单击按钮，展开对话框，如图5-19所示。

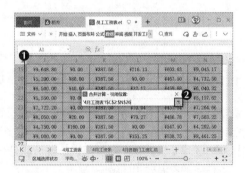

图 5-18　单击"合并计算"按钮

图 5-19　选择引用区域

（3）在该对话框中，单击 添加(A) 按钮，将引用区域添加到"所有引用位置"列表框中，在"函数"下拉列表框中选择"求和"选项，在"标签位置"栏中单击选中"首行"和"最左列"复选框，然后单击 确定 按钮，如图5-20所示。

（4）返回工作表后，系统将根据引用区域最左列中的数据类别计算出各部门各项工资的总额，然后在A1单元格中输入"部门"文本，并对表格区域的格式进行相应的设置，如图5-21所示。

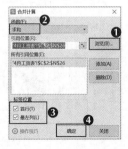

图 5-20　设置合并计算

图 5-21　分类汇总结果

（六）打印指定区域

制作完员工工资表并确认无误后，可以打印工资表。在打印时，若只需要打印部分内容，可以先设置需要打印的区域，再执行打印操作。具体操作如下。

（1）在"4月工资表"工作表中选择B2:I26单元格区域，单击"页面布局"选项卡中的"打印区域"按钮下方的下拉按钮▾，在弹出的下拉列表中选择"设置打印区域"选项，如图5-22所示。

（2）所选区域将被设置为打印区域，单击"页面布局"选项卡中的"打印预览"按钮，进入打印预览页面，预览打印效果后，单击"直接打印"按钮进行打印，如图5-23所示。

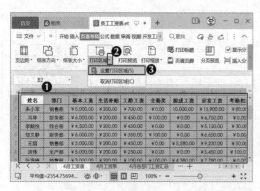

图 5-22　设置打印区域

图 5-23　打印选择的区域

任务二　计算和分析"销量统计表"表格数据

老洪看着米拉制作出来的2022年的销量统计表颇为生气，因为表格中只记录了销量数据，并未对各销售部门的销量进行统计和分析。老洪告诉米拉，在制作统计表或分析表时，不仅需要输入相关数据，还需要根据情况对数据进行统计和分析。于是米拉按照老洪的要求重新制作"销量统计表"。本任务的参考效果如图5-24所示。

素材所在位置　素材文件 \ 项目五 \ 销量统计表 .et

效果所在位置　效果文件 \ 项目五 \ 销量统计表 .et

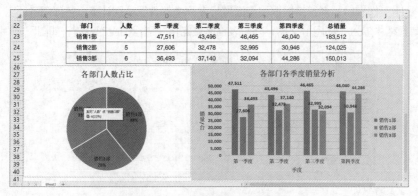

图 5-24　"销量统计表"表格

一、任务描述

（一）任务背景

销量统计表是对某一段时间内的产品或销售人员的销售情况进行统计或分析，找出问题所在，以便快速做出调整和拿出解决方案的工作表。本任务将利用名称和函数统计数据，然后使用图表对销量数据进行分析。

（二）任务目标

（1）能够新建名称，并将名称应用于公式中。

（2）能够灵活使用COUNTIF函数和SUMIF函数。

（3）能够插入合适的图表，并对图表进行编辑。

（4）能够设置图表格式。

二、相关知识

分析表格数据时，可以使用图表直观、形象地将表格中的数据展示出来。在使用图表分析数据时，需要掌握图表的相关知识，以便选择合适的图表。

（一）认识图表类型

WPS表格提供了柱形图、折线图、饼图、条形图、面积图、ＸＹ（散点图）、股价图、雷达图、组合图、玫瑰图和桑基图等图表类型，不同类型的图表有不同的意义和作用。

- **柱形图：** 用于显示一段时间内的数据变化情况，或者展示各类别数据之间的比较情况；另外，还可以同时显示不同时期、不同类别的数据变化和差异；包括簇状柱形图、堆积柱形图和百分比堆积柱形图3种。

- **折线图：** 用于按时间或类别显示数据的变化趋势，以显示不同时间段内，数据是呈上升趋势还是下降趋势，数据变化是呈平稳趋势还是波动趋势；包括折线图、堆积折线图、百分比堆积折线图、带数据标记的折线图、带数据标记的堆积折线图和带数据标记的百分比堆积折线图6种。

- **饼图：** 用于显示一个数据系列中各项占整体的比例，包括饼图、三维饼图、复合饼图、复合条饼图和圆环图5种。

- **条形图：** 用于显示各项目之间的数据差异，它与柱形图具有相同的表现目的，不同的是，柱形图是在水平方向上依次展示数据，而条形图是在垂直方向上依次展示数据。条形图包括簇状条形图、堆积条形图和百分比堆积条形图3种。

- **面积图：** 除了用于强调数量随时间的变化而变化以外，还可以用显示数据的面积来展示部分和整体的关系；包括面积图、堆积面积图和百分比堆积面积图3种。

- **ＸＹ（散点图）：** 用于显示单个或多个数据系列中各数值之间的相互关系；或者将两组数字绘制为XY坐标的一个系列，通过坐标点的分布来显示变量间是否存在关联关系，以及相关关系的强度；包括散点图、带平滑线和数据标记的散点图、带平滑线的散点图、带直线和数据标记的散点图、带直线的散点图、气泡图和三维气泡图7种。

- **股价图：** 用于描绘股票价格走势，也可用于反映科学数据。需要注意的是，在创建股价图之前，必须按照正确的顺序来组织数据（如要创建一个简单的盘高-盘低-收盘股价图，则应根据按盘高、盘低和收盘次序输入的列标题来排列数据）。股价图包括盘高-盘低-收盘图、开盘-盘高-盘低-收盘图、成交量-盘高-盘低-收盘图和成交量-开盘-盘高-盘低-收盘图4种。

- **雷达图：** 用于显示独立数据系列之间及某个特定系列与其他系列之间的整体关系，每个分类都有自己的坐标轴，这些坐标轴从同一个中心点向外辐射，并由折线将同一系列中的值连接起来，多用于分析多维数据（四维以上）；包括雷达图、带数据标记的雷达图和填充雷达图3种。
- **组合图：** 由两种或两种以上的图表类型组合而成，可以同时展示多组数据，不同类型的图表可以拥有一个共同的横坐标轴和多个不同的纵坐标轴，以更好地区分不同的数据类型。
- **玫瑰图：** 用圆弧的半径来表示数据的大小，又名鸡冠花图、极坐标区域图。玫瑰图中每个扇形角度都是相等的，它强调的是数据大小的对比，而不是各部分数据的占比。
- **桑基图：** 即桑基能量分流图，也叫桑基能量平衡图，用于表示流量分布与结构对比，它是一种特定类型的流程图，图中延伸的分支宽度对应数据流量的大小，通常应用于能源、材料成分、金融等数据的可视化分析。

（二）了解图表组成部分

图表通常由图表区、绘图区、图表标题、坐标轴、轴标题、数据系列、数据标签、网格线和图例等部分组成，如图 5-25 所示。

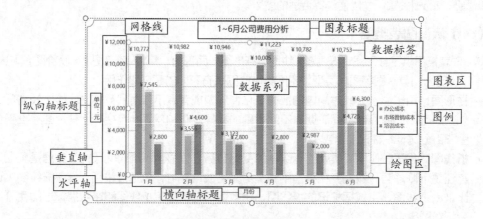

图 5-25　图表的组成

- **图表区：** 图表的整个区域，图表的各组成部分均位于图表区中。
- **绘图区：** 由横向坐标轴和纵向坐标轴界定的矩形区域，用于显示图表数据系列、数据标签和网格线。
- **图表标题：** 用于简要概述图表作用或目的的文本，可以位于图表上方，也可以在绘图区中。
- **坐标轴：** 包括水平轴（又称X轴或横坐标）和垂直轴（又称Y轴或纵坐标）两种，其中，水平轴用于显示类别标签，垂直轴用于显示刻度大小。
- **轴标题：** 对坐标轴进行文字说明，包括横向轴标题和纵向轴标题。
- **数据系列：** 根据用户指定的图表类型以系列的方式显示在图表中的可视化数据。图表中可以有一组到多组数据系列，多组数据系列之间通常采用不同的图案、颜色或符号来区分。
- **数据标签：** 用于标识数据系列所代表的数值大小，可位于数据系列外，也可以位于数据系列内。
- **网格线：** 贯穿于绘图区中的线条，可作为估算数据系列所示值的标准。

- **图例：** 用于指出图表中不同的数据系列采用的标记方式，通常列举不同数据系列在图表中应用的颜色。

（三）设置图表格式

在编辑和美化图表时，用户可以设置图表各部分的格式，使图表数据更加直观，同时还可以起到美化图表的作用。设置图表各部分格式的方法介绍如下。

- **设置图表区格式：** 选择图表，右击，在弹出的快捷菜单中选择"设置图表区域格式"命令，打开"属性"任务窗格，在其中可对图表区的填充效果、线条、阴影效果、发光效果、柔滑边缘效果、图表大小、缩放大小、文字属性和对齐方式等进行设置。
- **设置绘图区格式：** 选择绘图区，右击，在弹出的快捷菜单中选择"设置绘图区格式"命令，在打开的"属性"任务窗格中，可对绘图区的填充效果、线条、阴影效果、发光效果和柔滑边缘效果等进行设置。
- **设置图表标题格式：** 选择图表标题，右击，在弹出的快捷菜单中选择"设置图表标题格式"命令，打开"属性"任务窗格，在其中可对图标标题的填充效果、线条、阴影效果、发光效果、柔滑边缘效果和对齐方式等进行设置。
- **设置坐标格式：** 选择横向坐标轴或纵向坐标轴，右击，在弹出的快捷菜单中选择"设置坐标轴格式"命令，打开"属性"任务窗格，在其中可对坐标轴的边界、单位、显示位置、数字格式和刻度线标记等进行设置。
- **设置轴标题：** 选择轴标题，单击鼠标右键，在弹出的快捷菜单中选择"设置坐标轴标题格式"命令，打开"属性"任务窗格，在其中可对轴标题的填充效果、线条、阴影效果、发光效果、柔滑边缘效果和对齐方式等进行设置。
- **设置数据系列：** 选择数据系列，单击鼠标右键，在弹出的快捷菜单中选择"设置数据系列格式"命令，打开"属性"任务窗格，在其中可对数据系列的填充效果、线条、阴影效果、发光效果、柔滑边缘效果和数据系列的位置等进行设置。
- **设置图例格式：** 选择图例，右击，在弹出的快捷菜单中选择"设置图例格式"命令，打开"属性"任务窗格，在其中可对图例的位置、填充效果等进行设置。
- **设置网格线：** 选择网格线，单击鼠标右键，在弹出的快捷菜单中选择"设置网格线格式"命令，打开"属性"任务窗格，在其中可对网格线的线条、阴影效果、发光效果和柔滑边缘效果等进行设置。
- **设置数据标签格式：** 选择数据标签，右击，在弹出的快捷菜单中选择"设置数据标签格式"命令，打开"属性"任务窗格，在其中可对数据标签的内容、分隔符、标签位置、数字格式等进行设置。

三、任务实施

（一）新建名称

"销量统计表"表格中的部分数据还未计算，可以先为单元格、单元格区域、数据常量或公式等定义名称，使用名称来简化复杂的公式，使计算易于理解。具体操作如下。

（1）打开"销量统计表.et"工作簿，单击"公式"选项卡中的"名称管理器"按钮❸，如图5-26所示。

（2）打开"名称管理器"对话框，单击 新建(N)... 按钮，打开"新建名称"对话框，在"名称"

微课视频

新建名称

文本框中输入"第一季度"文本，然后单击"引用位置"参数框右侧的 按钮，折叠对话框，在"Sheet1"工作表中选择D3:D20单元格区域，单击 按钮，展开对话框，最后单击 按钮，如图5-27所示。

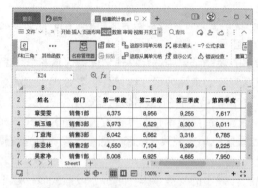

图 5-26　单击"名称管理器"按钮　　　　　　　　图 5-27　新建名称

（3）返回"名称管理器"对话框，单击 新建(N)… 按钮，打开"新建名称"对话框，使用相同的方法继续新建"第二季度""第三季度""第四季度"的名称，然后单击 关闭 按钮，如图5-28所示。

（4）在H3单元格中输入公式"=第一季度+第二季度+第三季度+第四季度"，按【Enter】键计算出结果，并将该公式向下填充至H20单元格，计算其他销售部门一年的总销量，如图5-29所示。

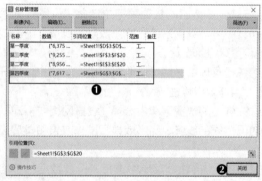

图 5-28　继续新建名称　　　　　　　　　　图 5-29　将名称应用于公式

知识补充　　　　　　　　　　　　**批量新建名称**

用户还可以快速为多行或多列单元格区域同时定义名称。批量新建名称的方法是：选择表格中的多行或多列，单击"公式"选项卡中的"指定"按钮，打开"指定名称"对话框，在其中根据需要单击选中相应的复选框，再单击 确定 按钮。

（二）按部门统计人数和销量

统计各部门的人数和各季度的销量时，可以使用COUNTIF函数和SUMIF函数。具体操作步骤如下。

（1）在C23单元格中输入公式"=COUNTIF（$C$3:$C$20，B23）"，按【Enter】键计算出结果，并将该公式向下填充至C25单元格，统计出其他部门的人数，如图5-30所示。

（2）在D23单元格中输入公式"=SUMIF（$C$3:$C$20，$B23，D$3:D$20）"，按【Enter】键计算出结果，并将该公式向右填充至H23单元格，统计出销售1部各季度的销量和全年的总销量。

微课视频

按部门统计人数
和销量

知识补充 **公式解析**

COUNTIF 函数用于统计数据区域中满足指定条件的单元格个数，公式"=COUNTIF（$C$3:$C$20，B23）"表示在 C3:C20 单元格区域中统计出等于 B23 单元格数据的单元格个数。SUMIF 函数用于对满足条件的单元格进行求和，公式"=SUMIF（$C$3:$C$20，$B23，D3:D20）"表示先根据 B23 单元格中的条件对 C3:C20 条件区域进行判断，然后再对 D3:D20 单元格区域中满足条件的数据进行求和计算。

（3）选择D23:H23单元格区域，将公式向下填充至H25单元格，统计出销售2部和销售3部各季度的销量及全年的总销量，如图5-31所示。

图 5-30　统计各部门人数　　　　图 5-31　统计各部门销量及总销量

（三）创建图表

图表可以直观地展示表格的数据。用户需要根据数据的特点来选择合适的图表类型。具体操作如下。

（1）选择B22:C25单元格区域，单击"插入"选项卡中的"插入饼图或圆环图"按钮，在弹出的下拉列表中选择"二维饼图"栏中的"饼图"选项，如图5-32所示。

微课视频

创建图表

（2）将图表移动到所选数据区域下方，并将图表标题更改为"各部门人数占比"，如图5-33所示。

知识补充 **插入在线图表**

单击"插入"选项卡中"全部图表"按钮下方的下拉按钮，在弹出的下拉列表中选择"在线图表"选项，在弹出的子列表中显示了各种类型的在线图表，选择需要的图表即可将其插入工作表中。使用该功能需要成为 WPS 会员。

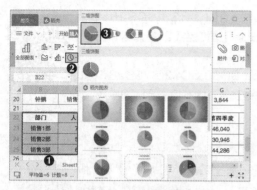

图 5-32　选择二维饼图

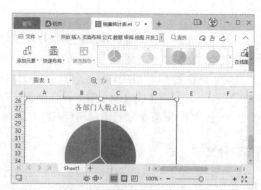

图 5-33　更改图表标题

（3）按住【Ctrl】键选择B22:B25和D22:G25单元格区域，单击"插入"选项卡中的"插入柱形图"按钮 ⬛，在弹出的下拉列表中选择"二维柱形图"栏中的"簇状柱形图"选项，然后将其移动到饼图右侧，并将图表标题更改为"各部门各季度销量分析"。

知识补充　　　　　　　　　　　**编辑图表数据**

若创建图表的数据区域有误，则可选择图表，单击"图表工具"选项卡中的"选择数据"按钮 ▦，打开"编辑数据源"对话框，在"图表数据区域"参数框中重新设置数据区域（数据区域既可以是一个连续的区域，也可以是多个不连续的区域）。另外，在"编辑数据源"对话框的"系列"列表框或"类别"列表框中单击选中相应复选框后，单击 ✎ 按钮，在打开的"编辑数据系列"对话框中可对数据系列和系列值进行设置，或在"轴标签"对话框中对轴标签区域进行设置。

（四）调整图表布局

应用布局样式和添加图表元素可以更改图表的整体布局。具体操作如下。

（1）选择饼图，单击"图表工具"选项卡中的"快速布局"按钮 ⬛，在弹出的下拉列表中选择"布局1"选项，如图5-34所示。

（2）选择柱形图，单击"图表工具"选项卡中的"添加元素"按钮 ⬛，在弹出的下拉列表中选择"轴标题"选项，在弹出的子列表中选择"主要横向坐标轴"选项，如图5-35所示。

微课视频

调整图表布局

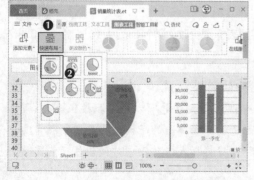

图 5-34　选择布局样式

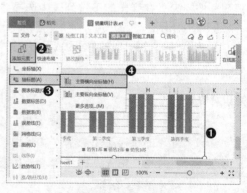

图 5-35　添加轴标题

（3）将横向轴标题修改为"季度"，然后使用相同的方法添加主要纵向坐标轴，并将纵向轴标题修改为"销量/台"。接着选择纵向轴标题，右击，在弹出的快捷菜单中选择"设置坐标轴标题格式"命令，如图5-36所示。

（4）打开"属性"任务窗格，单击"标题选项"选项卡，单击"大小与属性"按钮，在"文字方向"下拉列表中选择"竖排"选项，如图5-37所示。

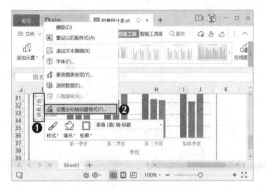

图 5-36 选择"设置坐标轴标题格式"命令

图 5-37 设置文字方向

（5）选择图表，单击"图表工具"选项卡中的"添加元素"按钮，在弹出的下拉列表中选择"数据标签"选项，在弹出的子列表中选择"数据标签外"选项，如图5-38所示。

（6）单击"图表工具"选项卡中的"添加元素"按钮，在弹出的下拉列表中选择"图例"选项，在弹出的子列表中选择"右侧"选项，如图5-39所示。

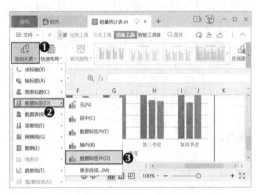

图 5-38 添加数据标签

图 5-39 添加图例

（五）美化图表

应用图表样式、更改颜色、设置图表填充效果等，可以美化图表。由于"人员结构统计表"表格保存的文件类型是".et"，不能应用图表样式，所以下面将通过设置字体格式、图表格式等方式来美化图表。具体操作如下。

微课视频

美化图表

（1）选择饼图，单击"文本工具"选项卡中的"加粗"按钮**B**，使饼图中的文本加粗显示。

（2）选择柱形图，单击"文本工具"选项卡中的"加粗"按钮**B**。然后选择横向轴标题，单击"文本工具"选项卡中"字体颜色"按钮**A**右侧的下拉按钮，在弹出的下拉列表中选择"红色"选项，如图5-40所示。

（3）将纵向轴标题的字体颜色设置为"红色"。然后选择柱形图，单击"图表工具"选项卡中的"设置格式"按钮，打开"属性"任务窗格，单击"填充与线条"按钮，单击选中"填充"栏中的"纯色填充"单选项，接着在"颜色"下拉列表框中选择"亮天蓝色，着色1，淡色80%"选项，如图5-41所示。

（4）双击"32，094"数据标签，向下拖曳，使它与旁边的数据标签不重合。

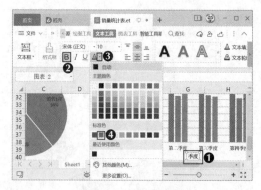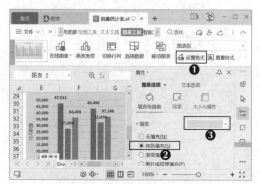

图 5-40　设置字体格式　　　　　图 5-41　设置图表区填充颜色

任务三　透视分析"人员结构统计表"表格数据

3、4月是人才招聘的高峰期，米拉还不知道该做哪些招聘方面的准备工作，于是向老洪请教。老洪告诉米拉，在制作招聘计划之前可以对公司当前的人员结构进行统计和分析，以为制作人力资源招聘计划提供数据支撑。本任务的参考效果如图5-42所示。

素材所在位置　素材文件\项目五\人员结构统计表.et
效果所在位置　效果文件\项目五\人员结构统计表.et

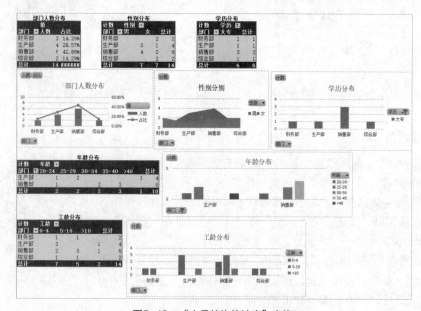

图5-42　"人员结构统计表"表格

一、任务描述

（一）任务背景

在对企业人力资源进行规划时，必须先对企业人员结构进行统计和分析，了解企业现有的人力资源情况。人员结构分析主要包括性别分析、年龄分析、学历分析、工龄分析和部门人数分析等。分析人员结构，既可以对企业整体的人员结构进行分析，也可以根据需要对部门的人员结构进行分析。

（二）任务目标

（1）能够根据数据源创建需要的数据透视表。
（2）能够对数据透视表的值字段名称、值汇总方式、值显示方式和分组等进行设置。
（3）能够快速为数据透视表应用合适的样式。
（4）能够正确分析数据透视图中的数据，并能根据需要筛选数据。

二、相关知识

在使用数据透视表和数据透视图从多维度分析数据时，会用到数据透视表和数据透视图的相关知识，如数据透视表界面、普通图表与数据透视图的区别、筛选数据透视表中的数据等。

（一）数据透视表界面

在WPS表格中，创建数据透视表后，将进入数据透视表界面，如图5-43所示，它主要由数据源、数据透视表区域、字段区域、"筛选"区域、"列"区域、"行"区域、"值"区域等部分组成。

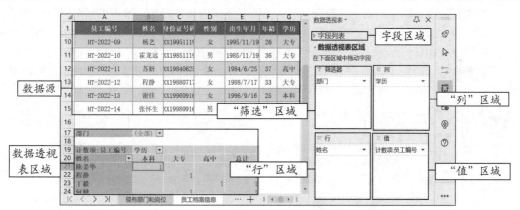

图 5-43 数据透视表界面

各部分的作用介绍如下。

- **数据源**：系统根据数据源中提供的数据创建数据透视表，数据源既可以与数据透视表存放在同一工作表中，也可以与数据透视表存放于不同工作表或不同工作簿中。
- **数据透视表区域**：用于显示创建的数据透视表，包含"筛选器"区域、"行字段"区域、"列字段"区域和"求值项"区域。
- **字段区域**：用于显示数据源中的字段，在该列表框中单击选中或取消选中相应的复选框，可以更改数据透视表中展示的字段。
- **"筛选"区域**：移动到该区域中的字段即筛选字段，将在数据透视表的筛选字段区域中显示。
- **"列"区域**：移动到该区域中的字段即列字段，将在数据透视表的列字段区域中显示。

- **"行"区域：** 移动到该区域中的字段即行字段，将在数据透视表的行字段区域中显示。
- **"值"区域：** 移动到该区域中的字段即值字段，将在数据透视表的求值项区域中显示。

（二）普通图表与数据透视图的区别

数据透视图与普通图表的功能大致一样，但数据透视图可以灵活变换布局，以及对数据进行排序和筛选等。普通图表与数据透视图的区别主要体现在以下3点。

- **数据源：** 普通图表和数据透视图虽然都有数据源，但数据透视图的数据源存放于数据透视表中，它必须依附于数据透视表来创建。
- **交互性：** 单张普通图表只能展示数据源中指定的一组或多组数据，且用户不能交互查看数据；而数据透视图只需单张图表就能动态展示数据，有助于用户以不同的方式查看数据。
- **图表元素：** 数据透视图除了拥有普通图表所包含的元素外，还包括字段和筛选按钮；另外，用户在数据透视图中可以直接使用筛选按钮筛选数据，且数据透视图中展示的数据也将随着数据透视表的变化而变化。

（三）筛选数据透视表中的数据

用户可以在数据透视表中按需求筛选数据，在数据透视表中筛选数据的工具主要有筛选器和切片器。

- **筛选器：** 在创建数据透视表时，系统会自动添加行筛选按钮和列筛选按钮，单击某个筛选按钮▼后，即可在弹出的下拉列表中进行筛选。另外，还可在"筛选器"列表框中添加筛选字段，在数据透视表上方增加筛选区域，对筛选字段进行筛选。
- **切片器：** 切片器能根据某个字段分段显示数据透视表中符合条件的数据，另外，切片器能提供详细信息以显示当前的筛选状态，从而便于其他用户轻松、准确地了解已筛选的数据透视表中所显示的内容。插入切片器的方法是：选择数据透视表，单击"分析"选项卡中的"插入切片器"按钮🔲，打开"插入切片器"对话框，在列表框中单击选中某字段对应的复选框，单击 确定 按钮，如图5-44所示。若选择某个部门选项，则数据透视表中将只显示该部门所对应的数据，如图5-45所示。

图 5-44　插入切片器

图 5-45　通过切片器筛选数据

三、任务实施

（一）创建数据透视表

要使用数据透视表分析数据，就要根据数据源创建数据透视表。具体操作如下。

（1）打开"人员结构统计表.et"工作簿，选择"员工档案信息"工作表中的A2:O16单元格区域，单击"插入"选项卡中的"数据透视表"按钮，打开"创建数据透视表"对话框，保持默认设置，单击 确定 按钮，如图5-46所示。

微课视频
创建数据透视表

（2）系统将新建一个名为"Sheet1"的工作表，并在工作表中插入空白数据透视表。将工作表重命名为"人员结构统计分析"，并将其移动至"员工档案信息"工作表后。

（3）在"数据透视表"任务窗格的"字段列表"列表框中单击选中"部门""员工编号""姓名"复选框，单击"数据透视表区域"文本前的 按钮，如图5-47所示。

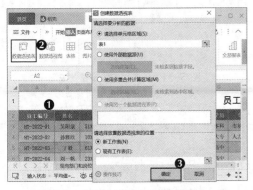

图 5-46 创建数据透视表 　　　　　　　　　　图 5-47 添加字段

（4）展开"数据透视表区域"栏，在"行"区域中选择"员工编号"和"姓名"字段选项，将其拖曳到"值"区域中，然后在数据透视表上方输入"部门人数分布"标题文本，如图5-48所示。

（5）使用相同的方法在同一工作表中插入"性别分布""学历分布""年龄分布""工龄分布"数据透视表，如图5-49所示。

图 5-48 调整字段位置 　　　　　　　　　　图 5-49 插入数据透视表

（二）设置值字段

数据透视表中的值字段名称、值汇总方式和值显示方式都是根据数据源默认设置的，但有时并不能满足实际需要。因此，用户可以根据实际情况对数据透视表中的值字段名称、值汇总方式、值显示方式等进行设置。具体操作如下。

微课视频
值字段设置

（1）选择B4单元格，将"分析"选项卡中"活动字段"文本框中的名称更改为"人数"，如图5-50所示。

（2）选择C4单元格，单击"分析"选项卡中的"字段设置"按钮，如图5-51所示。

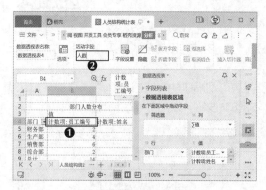

| 图 5-50　更改值字段名称 | 图 5-51　单击"字段设置"按钮 |

（3）打开"值字段设置"对话框，单击"值显示方式"选项卡，在"值显示方式"下拉列表框中选择"总计的百分比"选项，在"自定义名称"文本框中输入"占比"文本，然后单击 确定 按钮，如图5-52所示。

（4）返回数据透视表，可查看设置值字段名称和值显示方式后的效果，如图5-53所示。

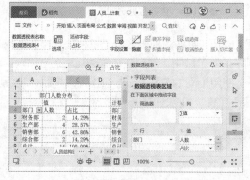

| 图 5-52　设置值字段名称和值显示方式 | 图 5-53　设置后的效果 |

知识补充　　　　　　　　　　　　　值字段设置

　　　　在同时设置值字段名称、值汇总方式或值显示方式时，需要先对值汇总方式或值显示方式进行设置，然后再对值字段名称进行设置，这是因为设置值汇总方式或值显示方式后，值字段名称将变回默认的名称。

（5）使用相同的方法将其他数据透视表中的"计数项:员工编号"值字段名称更改为"计数"。

（三）创建组

若要将数据透视表列字段中的数据分段显示，可以为其创建组。具体操作如下。

（1）选择"年龄分布"数据透视表列字段中的B12单元格，单击"分析"选项卡中的"组选择"按钮，打开"组合"对话框，在"起始于"文本框中输入"20"，在"终止于"文本框中输入"40"，在"步长"文本框中输入"5"，然后单击 确定 按钮，如图5-54所示。

（2）列字段将按照创建的组进行分段显示。使用相同的方法对"工龄分布"数据透视表中的列字段进行分组显示，分组后的效果如图5-55所示。

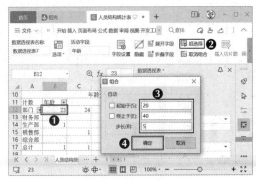
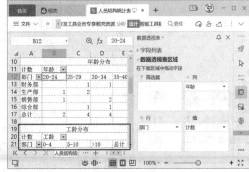

图 5-54　创建组　　　　　　　　　　　　图 5-55　分组后的效果

（四）美化数据透视表

对创建的数据透视表，用户可以应用数据透视表样式进行整体美化。具体操作如下。

（1）选择数据透视表中的任意单元格，单击"设计"选项卡中的"其他"按钮，在弹出的下拉列表中单击"深色系"选项卡，在该选项卡下选择"数据透视表样式深色9"选项，如图5-56所示。

（2）所选数据透视表样式将应用于当前数据透视表中。使用相同的方法为其他数据透视表应用相同的数据透视表样式，如图5-57所示。

微课视频
美化数据透视表

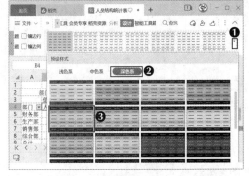
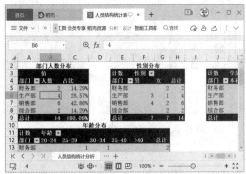

图 5-56　选择数据透视表样式　　　　　　图 5-57　应用数据透视表样式的效果

（五）创建并编辑数据透视图

在WPS表格中，数据透视表中的数据可以通过数据透视图直观、形象地展示出来，用户还可以根据需要对创建的数据透视图进行相关的编辑操作。具体操作如下。

微课视频
创建并编辑数据透视图

（1）在"年龄分布"数据透视表前插入13个空白行，然后选择"部门人数分布"数据透视表中的任意单元格，单击"分析"选项卡中的"数据透视图"按钮，如图5-58所示。

（2）打开"图表"对话框，在左侧单击"组合图"选项卡，在"占比"图表类型下拉列表框中选择"带数据标记的折线图"选项，单击选中其右侧的"次坐标轴"复选框，再单击 插入预设图表 按钮，如图5-59所示。

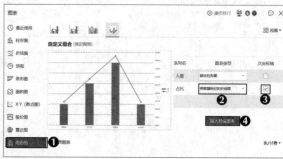

图5-58　单击"数据透视图"按钮　　　　　　　　图5-59　选择图表

（3）调整数据透视图的大小和位置，并为数据透视图添加标题，然后选择纵向轴标题，打开"属性"任务窗格，单击"坐标轴选项"选项卡，单击"坐标轴"按钮。在"坐标轴选项"栏中的"最大值"文本框中输入"10"，在"主要"文本框中输入"2"，以调整坐标轴的刻度值，如图5-60所示。

（4）为"性别分布"数据透视表插入面积图，并为面积图添加标题。使用相同的方法创建"学历分布""年龄分布""工龄分布"的数据透视图。部分数据透视图效果如图5-61所示。

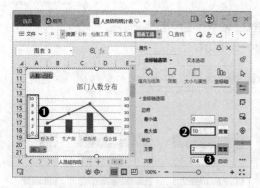

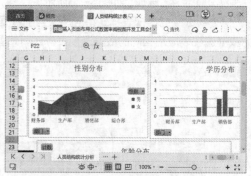

图5-60　设置坐标轴边界和单位　　　　　　　　图5-61　部分数据透视图效果

知识补充　　　　　　　　　　　更改图表类型

如果插入的数据透视图类型不合适，可以选择数据透视图，单击"图表工具"选项卡中的"更改类型"按钮，打开"更改图表类型"对话框，选择需要的图表后，单击 插入预设图表 按钮，将数据透视图更改为选择的图表类型。

（六）筛选数据透视图中的数据

微课视频

筛选数据透视图中
的数据

利用数据透视图中的筛选按钮可以对数据透视图中的数据进行筛选，而且数据透视表中的数据也将随之发生变化。具体操作如下。

（1）选择"学历分布"数据透视图，单击 学历 ▼ 按钮，在弹出的下拉列表中取消选中"本科"和"高中"复选框，然后单击 确定 按钮，如图5-62所示。

（2）数据透视图中将只显示各部门学历为"大专"的人数，如图5-63所示。

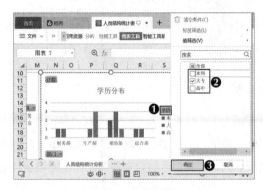

图 5-62　按学历筛选

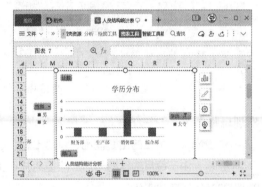

图 5-63　筛选效果

（3）选择"年龄分布"数据透视图，单击 部门 ▼ 按钮，在弹出的下拉列表中取消选中"财务部"和"综合部"复选框，然后单击 确定 按钮，如图5-64所示。

（4）数据透视图中将只显示"生产部"和"销售部"各年龄段的人数，如图5-65所示。

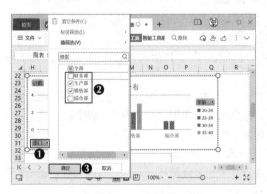

图 5-64　按部门筛选

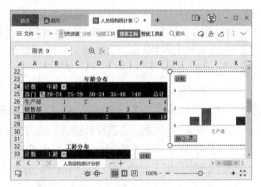

图 5-65　筛选效果

实训一　制作"考勤表"表格

【实训要求】

本实训要求制作"考勤表"表格，要求天数和星期随着年份和月份自动变化，并突出显示周末数据，然后统计出员工的出勤情况。制作完成后的效果如图 5-66 所示。

素材所在位置　素材文件 \ 项目五 \ 考勤表 .et

效果所在位置　效果文件 \ 项目五 \ 考勤表 .et

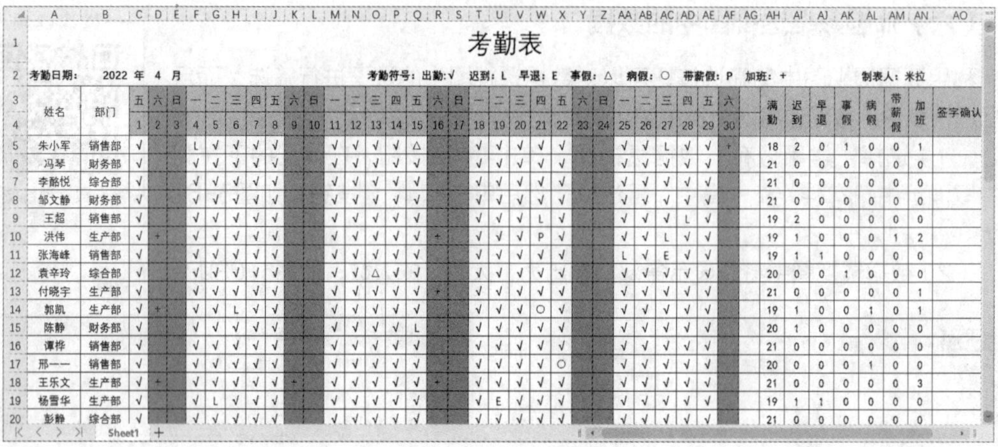

图 5-66 "考勤表"表格

【实训思路】

考勤表记录了员工的出勤情况，包括出勤、迟到、早退、请假和加班等信息。公司每月都需要制作考勤表，由于每月的日期与对应的星期并不固定，因此，需要通过公式使日期和星期随着年份和月份的变化而自动变化。

【步骤提示】

要完成本实训，可以先打开素材文件，利用函数根据年份和月份判断天数和星期，然后突出显示周末数据，最后填入考勤符号，统计出勤情况。具体步骤如下。

（1）打开"考勤表.et"工作簿，在C4单元格中输入公式"=IF（MONTH（DATE（$B$2,$D$2,COLUMN（A2）））=$D$2,DATE（$B$2,$D$2,COLUMN（A2）），""）"，然后将该公式向右填充至AG4单元格，返回月份对应的天数。

（2）在C3单元格中输入公式"=TEXT（C4,"AAA"）"，然后将该公式向右填充至AG3单元格，返回天数对应的星期。

（3）选择C3:AG28单元格区域，通过"=C$3="六""和"=C$3="日""公式来定义两个条件格式，并将条件格式的应用范围设置为C3:AG28，并突出显示星期六和星期天对应的列。

（4）在表格中根据员工的考勤情况选择输入对应的考勤符号。

（5）在AH5单元格中输入公式"=COUNTIF（$C5:$AG5,"√"）"，然后将该公式向右填充至AN5单元格，接着更改AI5:AN5单元格区域公式中的考勤符号，再选择AH5:AN5单元格区域，然后将该公式向下填充至AN28单元格，统计出其他员工的考勤数据。

实训二 分析"招聘数据统计表"表格数据

【实训要求】

本实训要求使用图表对"招聘数据统计表"表格中的数据进行分析。分析完成后的效果如图 5-67 所示。

素材所在位置 素材文件\项目五\招聘数据统计表 .et
效果所在位置 效果文件\项目五\招聘数据统计表 .et

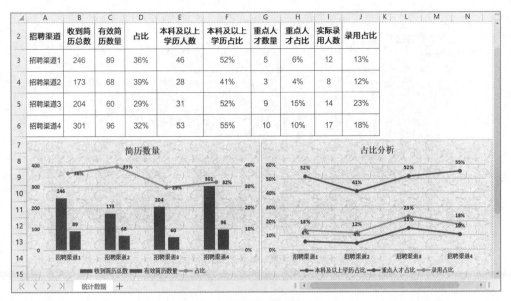

招聘渠道	收到简历总数	有效简历数量	占比	本科及以上学历人数	本科及以上学历占比	重点人才数量	重点人才占比	实际录用人数	录用占比
招聘渠道1	246	89	36%	46	52%	5	6%	12	13%
招聘渠道2	173	68	39%	28	41%	3	4%	8	12%
招聘渠道3	204	60	29%	31	52%	9	15%	14	23%
招聘渠道4	301	96	32%	53	55%	10	10%	17	18%

图 5-67　"招聘数据统计表"表格

【实训思路】

招聘过程中可能会产生很多数据，而对这些数据进行分析，可以了解本次招聘的详细情况、招聘的成果及招聘的问题，从而为下次招聘提供参考。

【步骤提示】

本实训涉及的操作主要包括插入图表、编辑图表、添加图表元素和美化图表等。步骤具体如下。

（1）打开"招聘数据统计表 .et"工作簿，根据 A2:D6 单元格区域中的数据插入"簇状柱形图 - 次坐标轴上的折线图"组合图表，然后设置图表标题，并加粗显示图表中的数据。

（2）将组合图表中的折线图更改为带数据标记的折线图，然后设置主要坐标轴和次要坐标轴的边界和单位，并为图表添加数据标签。

（3）根据 A 列、F 列、H 列和 J 列数据插入带数据标记的折线图，然后输入图表标题，添加数据标签，并加粗显示图表中的数据。

（4）使用"纸纹 2"纹理填充组合图和折线图的图表区。

课后练习

本项目主要介绍了使用公式和函数计算数据、打印表格、使用图表分析数据、使用数据透视表和数据透视图分析数据等相关知识。本项目的重点在于各种常用函数及图表的使用方法，以及快速统计与分析数据的方法。

练习1：计算与分析"年度销售额总结报表"表格

本练习要求使用公式和函数对表格中的数据进行计算，然后根据数据特点选择合适的图表进行分析。参考效果如图 5-68 所示。

素材所在位置　素材文件＼项目五＼年度销售额总结报表 .et

效果所在位置　效果文件＼项目五＼年度销售额总结报表 .et

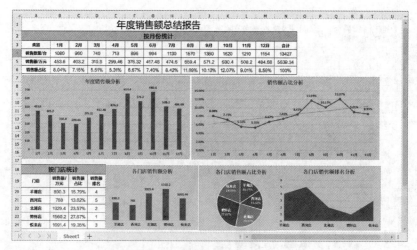

图5-68 "年度销售额总结报表"表格

操作要求如下。

- 打开"年度销售额总结报表.et"工作簿，使用公式和函数对表格中的数据进行计算。
- 使用柱形图和折线图对年度销售额数据进行分析，并对图表进行编辑和美化。
- 使用柱形图、饼图和面积图对各门店销售数据进行分析，并对图表进行相应的编辑和美化。

练习2：制作"员工加班统计表"表格

本练习要求使用数据透视表和数据透视图对"员工加班统计表"表格中的数据进行分析。参考效果如图5-69所示。

素材所在位置 素材文件 \ 员工加班统计表 .et

效果所在位置 效果文件 \ 员工加班统计表 .et

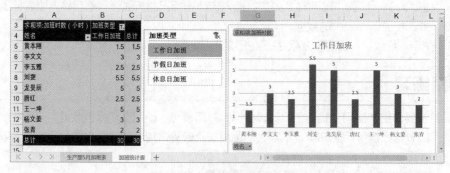

图5-69 "员工加班统计表"表格

操作要求如下。

- 打开"员工加班统计表.et"工作簿，根据A2:H29单元格区域中的数据在新工作表中插入数据透视表，并将新工作表重命名为"加班统计表"。
- 为数据透视表应用内置的数据透视表样式，并通过"加班类型"列字段对数据透视表数据进行筛选。
- 根据数据透视表创建数据透视图。

技巧提升

1. 公式的常见错误值

WPS表格会根据返回的错误值提示公式错误的原因，所以，正确认识每种错误值，能快速找到公式出错的原因及解决办法。常见的公式错误值有以下8种。

- **#DIV/0!：** 在WPS表格中，0不能作为除数，所以在执行除法运算时，如果除数是0或空白单元格（在算数运算中，WPS表格会自动将空白单元格当作0处理），那么公式计算结果将返回#DIV/0!。
- **#VALUE!：** 在WPS表格中，将两种不同的数据类型放在一起执行同一种运算时，就会返回#VALUE!。
- **#N/A：** 当引用的值不可用时，就会返回#N/A。这种情况多出现于含VLOOKUP、HLOOKUP、LOOKUP、MATCH等查找函数的公式中，当函数无法查找到与查找值相匹配的数据时，就会返回#N/A。
- **#NUM!：** 如果公式和函数中都使用了无效数值，或输入的数值超过了WPS表格能处理的最大值，那么公式计算结果就会返回#NUM!。
- **#REF!：** 如果公式中引用的单元格已被删除或本来就不存在，那么公式计算结果就会返回#REF!。
- **#NAME?：** 在WPS表格中，如果公式中的文本不在半角双引号（""）之间，且文本既不是函数名，也不是单元格引用或定义的名称，那么WPS表格将无法识别这些文本字符，这时公式的计算结果就会返回#NAME?。
- **#NULL!：** 空格是交集运算符，表示引用两个数据区域中相交的单元格，如果在公式中使用空格运算符连接两个不相交的单元格区域，那么就会返回#NULL!。
- **#####：** 当单元格中不能完全显示计算结果，或单元格中的日期数据无效时，就会返回#####。

2. 公式的检查与审核

使用公式计算数据时，输入的公式有误会导致计算结果不正确。因此，为了减少由公式错误导致计算出错的情况发生，可以通过错误检查、追踪单元格引用、查看公式求值过程这3种方式对公式进行检查和审核。

- **错误检查：** 单击"公式"选项卡中的"错误检查"按钮，系统将开始对工作表中的公式进行检查。如果没发现错误，系统会打开对话框，提示已完成对公式的检查；如果检查出错误，系统将自动定位到含错误公式的单元格，并且打开对话框，在其中显示出错的单元格，以及错误原因。
- **追踪单元格引用：** 选择含公式的单元格，单击"公式"选项卡中的"追踪引用单元格"按钮，系统将以蓝色箭头标记所选单元格公式中引用的单元格，方便用户追踪检查数据；单击"追踪从属单元格"按钮，系统将以蓝色箭头标记引用所选单元格的公式所在的单元格。
- **查看公式求值过程：** 选择含公式的单元格，单击"公式"选项卡中的"公式求值"按钮，打开"公式求值"对话框，在"求值"列表框中显示了该单元格中的公式，并用下画线标记第一步要计算的内容，单击 求值(E) 按钮后，系统将会计算出该公式第一步要计算的结果，同时用下画线标记下一步要计算的内容，然后单击 求值(E) 按钮，继续查看公式的求值过程。

3. 使用工资条生成器快速生成工资条

WPS表格中的HR助手为用户提供了工资条生成器功能，该功能可快速根据工资表中的数据生成工资条。使用工资条生成器快速生成工资条的方法是：选择工资表中的表字段，单击"会员专享"选项卡中的"表格特色"按钮，在弹出的下拉列表中选择"HR助手"选项，打开"HR助手"任务窗格，单击"工资条生成器"按钮，如图5-70所示。

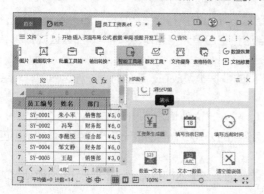
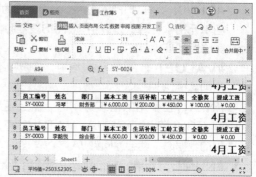

图 5-70　自动生成工资条

4. 使用图表填充数据系列

使用图表分析人数或产品等时，可以使用相关的图片来填充图表数据系列，从而让图表数据更加形象、直观。使用图表填充数据系列的方法是：选择图表中的数据系列，打开"属性"任务窗格，单击"填充与线条"按钮，单击选中"填充"栏中的"图片或纹理填充"单选项，在"图片填充"下拉列表框中选择"本地文件"选项，打开"选择纹理"对话框，选择相应的图片后，单击 打开(O) 按钮，所选图片将填充到图表的数据系列中，然后根据需要设置填充图片的透明度、填充方式、系列重叠和系列间距等。使用图表填充数据系列的效果如图5-71所示。

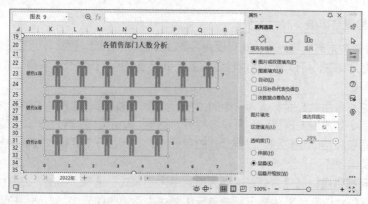

图 5-71　使用图表填充数据系列的效果

5. 单变量求解数据

单变量求解即根据一定的公式运算结果倒推出变量，可以对公式进行逆运算。单变量求解数据的方法是：单击"数据"选项卡中"模拟分析"按钮右侧的下拉按钮，在弹出的下拉列表中选择"单变量求解"选项，打开"单变量求解"对话框，在"目标单元格"参数框中输入目标所在的单元格，在"目标值"文本框中输入给定的目标值，在"可变单元格"参数框中输入变量单元格，然后单击 确定 按钮。需要注意的是，目标单元格中的数据需要通过公式计算出来，而不能直接输入。

项目六
创建和设计WPS演示文稿

情景导入

　　经过长时间的练习，米拉已经能够快速制作出各种类型的办公文档和表格。但老洪告诉米拉，仅学会制作办公文档和表格还不够，还需要掌握制作演示文稿的方法。

　　在举办会议和讲座活动时，经常会将内容通过幻灯片动态展示出来。相对于表格和文档而言，演示文稿更加生动、形象，也更容易给人留下深刻的印象。所以，学会制作演示文稿对于办公人员来说非常重要。

　　听了老洪的话后，米拉随即在网上搜索了演示文稿的作用和重要性，并查看了一些优秀的演示文稿，觉得确实值得学习。于是，米拉开始学习创建和设计WPS演示文稿的方法。

学习目标

- 能够新建演示文稿，并对演示文稿中的幻灯片进行基本操作
- 能够应用模板、设计幻灯片母版，并快速统一演示文稿的整体效果
- 能够添加图片、形状、图形、表格、图表等对象
- 能够分节管理幻灯片，使演示文稿结构分明

素养目标

- 培养对演示文稿的学习与制作兴趣
- 提升对演示文稿内容的配色、排版布局的能力，提升演示文稿的美观度
- 认识到提高工作效率的重要性，合理使用素材网站中的模板、图表等素材，提高演示文稿的制作效率

任务一 制作"市场调查报告"演示文稿

上周老洪让米拉和另外一位同事对茶叶销售情况进行了市场调查，并让米拉以演示文稿的形式制作市场调查报告，方便在下午的会议上展示。"市场调查报告"演示文稿要求效果美观，且幻灯片背景要与茶叶有关。本任务的参考效果如图6-1所示。

素材所在位置 素材文件\项目六\调查报告内容.txt、茶.jpg

效果所在位置 效果文件\项目六\市场调查报告.dps

图6-1 "市场调查报告"演示文稿

一、任务描述

（一）任务背景

市场调查报告是反映市场调查内容及工作过程，并提供调查结论和建议的报告。在制作市场调查报告时，一定要从实际出发，以调查资料为依据，实事求是地反映市场的真实情况。一份好的市场调查报告，能够给公司的市场经营活动提供有效指导。

（二）任务目标

（1）能够根据需要新建和保存演示文稿。
（2）能够新建、复制、移动幻灯片。
（3）能够套用和修改设计模板、修改模板背景。

二、相关知识

制作演示文稿，需要认识WPS演示的操作界面，并掌握快速美化演示文稿的方法，从而提升演示文稿的制作效率。

（一）认识 WPS 演示操作界面

有关 WPS 演示的操作界面，只需要掌握与 WPS 文字、WPS 表格操作界面不同的组成部分即可，如"大纲 / 幻灯片"导航窗格、幻灯片编辑区、备注面板等。图 6-2 所示为 WPS 演示操作界面。

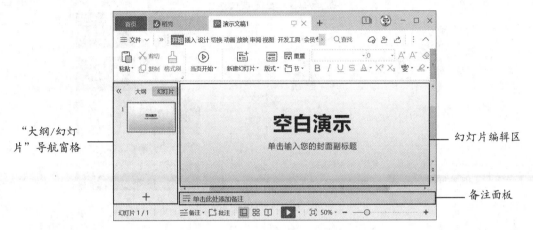

图 6-2　WPS 演示操作界面

- **"大纲/幻灯片"导航窗格：**包括大纲导航窗格和幻灯片导航窗格两部分。大纲导航窗格用于输入和显示幻灯片内容，调整幻灯片结构；幻灯片导航窗格用于显示当前演示文稿中的所有幻灯片，用户还可在此对幻灯片执行新建、删除、复制和移动等基本操作。
- **幻灯片编辑区：**用于显示或编辑幻灯片中的文本、图片、图形等对象，是制作幻灯片的主要区域。
- **备注面板：**用于为幻灯片添加备注内容，便于演讲者在演示幻灯片时查看。如果备注面板被隐藏，则可单击状态栏中的 备注 按钮重新显示。

（二）快速美化演示文稿

若想快速美化演示文稿，可以通过 WPS 演示中提供的设计模板和智能美化功能来实现。

1. 设计模板

WPS演示提供了多种类型的设计模板，便于用户对演示文稿的格式、配色方案、背景效果等进行设置，从而快速生成风格统一的演示文稿。用设计模板美化演示文稿的方法是：在"设计"选项卡的模板样式中选择需要的模板，打开"全文美化"对话框，在其中选择需要的幻灯片版式，单击 插入 (6) 按钮，如图6-3所示。

知识补充　　　　　　　　　　**导入本地模板**

　　单击"设计"选项卡中的"导入模板"按钮，打开"应用设计模板"对话框，选择需要的模板后，单击 打开(Q) 按钮，即可快速导入本地模板。需要注意的是，导入的模板必须以"WPS 演示 模板文件 dpt"格式类型进行保存，否则不能直接套用模板中的设计效果。

图 6-3　选择设计模板

2. 智能美化

智能美化是WPS演示基于AI技术打造的一个非常实用的功能，可以自动对整个演示文稿进行排版美化。在WPS演示中，单击"设计"选项卡中"智能美化"按钮 下方的下拉按钮 ，在弹出的下拉列表中可选择"全文换肤""统一版式""智能配色""统一字体"4个选项，对演示文稿相应的部分进行排版美化。

- **全文换肤：**用于统一全部幻灯片的外观。在"智能美化"下拉列表中选择"全文换肤"选项，打开"全文美化"对话框，选择需要的效果后，对话框右侧将显示换肤效果，单击 应用美化 (6) 按钮，可将所选换肤效果应用到全部幻灯片中。

- **统一版式：**用于将幻灯片中未排版的文字或图文内容统一，既可以用于设置单张幻灯片，也可以用于批量设置多张幻灯片。在"全文美化"对话框左侧单击"统一版式"选项卡，在中间选择需要的版式，接着在右侧预览版式效果和选择需要应用版式的幻灯片，然后单击 应用美化 (2) 按钮，即可将该版式应用到所选幻灯片中。

- **智能配色：**用于为演示文稿快速应用统一、专业的配色效果。在"全文美化"对话框左侧单击"智能配色"选项卡，在中间选择需要的配色方案，接着在右侧预览配色效果和选择需要应用配色方案的幻灯片，然后单击 应用美化 (2) 按钮，即可将该配色方案应用到所选幻灯片中。

- **统一字体：**用于快速将演示文稿的字体统一。在"全文美化"对话框左侧单击"统一字体"选项卡，在中间选择需要的字体，接着在右侧预览字体效果和选择需要应用字体的幻灯片，然后单击 应用美化 (2) 按钮，即可将该字体应用到所选幻灯片中。

三、任务实施

（一）新建并保存演示文稿

新建和保存演示文稿是制作新演示文稿的首要操作。下面新建空白演示文稿，并将其以"市场调查报告"为名进行保存。具体操作如下。

（1）启动WPS Office，在"新建"界面的左侧单击"新建演示"选项卡，在右侧单击"新建空白演示"按钮，如图6-4所示。

微课视频

新建并保存演示
文稿

（2）系统将新建一个名为"演示文稿1"的空白演示文稿，然后单击快速访问工具栏中的"保存"按钮🗔。

（3）打开"另存文件"对话框，在"位置"下拉列表框中选择"项目六"，在"文件名"下拉列表框中输入"市场调查报告"文本，在"文件类型"下拉列表框中选择"WPS演示 文件(*.dps)"选项，然后单击 保存(S) 按钮，如图6-5所示。

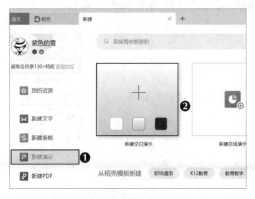

图6-4　新建空白演示文稿

图6-5　保存文件设置

（二）新建幻灯片

新建的空白演示文稿默认只有一张标题页幻灯片，并不能满足制作演示文稿的需要，所以用户需要根据实际情况新建相应版式的幻灯片。具体操作如下。

（1）单击"开始"选项卡中"新建幻灯片"按钮🗔下方的下拉按钮▾，在弹出的下拉列表的"母版版式"栏中选择第2种样式，如图6-6所示。

（2）系统将在第1张幻灯片后面新建所选版式的幻灯片，然后单击"开始"选项卡中的"新建幻灯片"按钮🗔，如图6-7所示。

微课视频

新建幻灯片

图6-6　选择母版版式

图6-7　新建幻灯片

知识补充　　　　　　　　　　　　新建幻灯片

单击"新建幻灯片"下拉列表中"母版版式"栏后的"更多"超链接，将展开更多版式。另外，也可新建封面页、目录页、章节页、结束页、纯文本页、用途页、图文页、关系图页等具体版式的幻灯片，同时还可在"新建幻灯片"下拉列表左侧选择对应的类别，在右侧选择相应的模板样式新建幻灯片。

（3）系统将在第2张幻灯片后新建一张相同版式的幻灯片，然后使用相同的方法继续新建第4张至第9张幻灯片。

> **知识补充**　　　　　　　　　　　**更改幻灯片版式**
>
>
> 　　选择需要更改版式的幻灯片，单击"开始"选项卡中的"版式"按钮▤，弹出的下拉列表中显示了 WPS 演示提供的版式，选择需要的版式后，便可将其应用于选择的幻灯片中。

（三）复制和移动幻灯片

微课视频

复制和移动
幻灯片

可通过复制已有幻灯片来创建相同版式的幻灯片，当某幻灯片的位置不正确时，可以移动其位置。具体操作如下。

（1）在"大纲/幻灯片"导航窗格中选择第1张幻灯片，右击，在弹出的快捷菜单中选择"复制幻灯片"命令，如图6-8所示。

（2）系统将在第1张幻灯片下方创建一张版式相同的幻灯片。然后继续在"大纲/幻灯片"导航窗格中选择第2张幻灯片，单击"开始"选项卡中的"剪切"按钮✕，剪切该张幻灯片，如图6-9所示。

图6-8　复制幻灯片

图6-9　剪切幻灯片

（3）在"大纲/幻灯片"导航窗格中将文本插入点定位至第9张幻灯片的下方，然后单击"开始"选项卡中的"粘贴"按钮▤，如图6-10所示。

（4）系统将移动幻灯片，且该幻灯片的编号也将发生相应的变化，如图6-11所示。

图6-10　粘贴幻灯片

图6-11　粘贴效果

（四）更改幻灯片尺寸

微课视频

更改幻灯片尺寸

幻灯片的默认尺寸为宽屏（16：9），如果这不能满足实际需要，则可将其设置为标准（4：3），或根据实际需求自定义幻灯片尺寸。具体操作如下。

（1）单击"设计"选项卡中的"幻灯片大小"按钮，在弹出的下拉列表中选择"自定义大小"选项，打开"页面设置"对话框，在"幻灯片大小"栏中的"宽度"数值框中输入"32"，在"高度"数值框中输入"18"，然后单击 确定 按钮，如图6-12所示。

（2）打开"页面缩放选项"对话框，单击 确保适合(E) 按钮，如图6-13所示。

图6-12 设置幻灯片尺寸

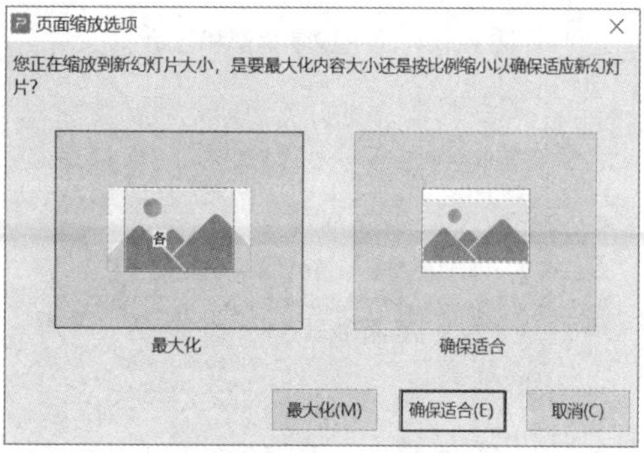

图6-13 页面缩放设置

（3）演示文稿中的所有幻灯片将调整为设置的尺寸。

（五）输入并设置文本

微课视频

输入并设置文本

幻灯片中的占位符用于存放内容，可以是文本，也可以是表格、图表和图片等对象，而且还可以根据需要对占位符中的文本格式进行设置，使文本之间的条理更加清晰。具体操作如下。

（1）选择第1张幻灯片，在标题占位符中输入"茶叶市场调查报告"文本，在副标题占位符中输入"报告人：杨梦媛"文本。

（2）使用相同的方法在各张幻灯片占位符中输入相应的文本。需要注意的是，在第10张幻灯片占位符中输入文本时，只需要在标题占位符中输入文本，副标题占位符和其余占位符均可删除。

（3）选择第1张幻灯片中的标题占位符，单击"文本工具"选项卡中的"文字阴影"按钮S，再多次单击"文本工具"选项卡中的"减少段落行距"按钮，向上调整标题占位符中文本的位置，如图6-14所示。

（4）选择第2张幻灯片中的内容占位符，单击"文本工具"选项卡中的"行距"按钮，在弹出的下拉列表中选择"1.5"选项，如图6-15所示。

（5）选择第4张幻灯片内容占位符中的"调研背景"文本，单击"文本工具"选项卡中"编号"按钮右侧的下拉按钮，在弹出的下拉列表中选择第1种编号样式，如图6-16所示。

（6）选择"调研目的"文本，单击"文本工具"选项卡中"编号"按钮右侧的下拉按钮，在弹出的下拉列表中选择"其他编号"选项，打开"项目符号与编号"对话框，单击"编号"选项卡，在下方的列表框中选择第1种编号样式，在"开始于"数值框中输入"2"，然后单击 确定 按钮，如图6-17所示。

图 6-14　设置文字阴影和行距

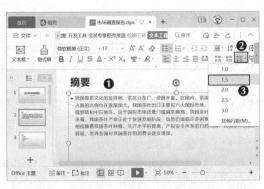

图 6-15　设置段落行距

图 6-16　选择编号样式

图 6-17　设置编号

知识补充　　　　　　　　　　　　　**添加编号**

　　由于不能同时选择同一个占位符中的多个不连续段落，所以在为同一个占位符中多个不连续的段落添加编号时，需要一段一段地添加，且需要在"项目符号与编号"对话框中设置编号的起始值。

（7）将文本插入点定位到"商品经济"文本前，按【Tab】键降低段落级别，然后单击"文本工具"选项卡中"项目符号"按钮 ≔ 右侧的下拉按钮 ，在弹出的下拉列表中选择"无"选项，如图6-18所示。

（8）按【Tab】键降低"更好地研究"文本所在的段落级别，并取消项目符号，然后将内容占位符的行距设置为"1.5"。

（9）使用相同方法对第5至第9张幻灯片内容占位符中的文本格式进行设置，如图6-19所示。

图 6-18　取消项目符号

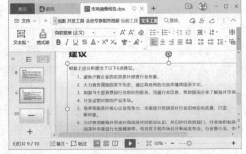

图 6-19　设置内容占位符中的文本格式

（六）套用和修改设计模板

套用和修改设计模板

应用设计模板不仅可以快速美化演示文稿，还可以对设计模板中的配色、字体和版式等进行修改。具体操作如下。

（1）单击"设计"选项卡中的"更多设计"按钮▦，打开"全文美化"对话框，在"红色卡通艺术教育培训"模板上单击 预览换肤效果 按钮，系统将在对话框右侧显示预览效果，如图6-20所示。

（2）单击"智能配色"选项卡，在"简约绿2.0"配色方案上单击 预览配色效果 按钮，在右侧预览应用配色方案后的效果，如图6-21所示。

图 6-20 选择设计模板

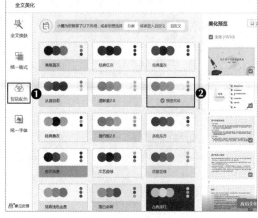

图 6-21 选择配色方案

（3）单击"统一字体"选项卡，单击 自定义 按钮，再单击"创建自定义字体"按钮，如图6-22所示。

（4）打开"自定义字体"对话框，在"名称"文本框中输入"调查报告"文本，在"中文字体"和"西文字体"下拉列表中选择"方正黑体简体"选项，然后单击 保存 按钮，如图6-23所示。

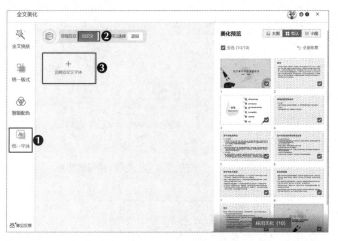

图 6-22 执行自定义字体操作

图 6-23 自定义字体

（5）返回"全文美化"对话框，选择新建的字体后，即可更改设计模板中的字体，然后单击 应用美化 (10) 按钮。

（6）返回演示文稿后，将第10张幻灯片中的标题占位符字体颜色更改为"暗海洋绿，着色1，深色25%"。

（七）修改模板背景

微课视频

修改模板背景

为演示文稿应用设计模板后，还可根据需要对模板背景进行修改。具体操作如下。

（1）单击"设计"选项卡中的"背景"按钮，打开"对象属性"任务窗格，在其中单击选中"图片或纹理填充"单选项，在"图片填充"下拉列表框中选择"本地文件"选项，如图6-24所示。

（2）打开"选择纹理"对话框，选择"茶.jpg"图片，单击 打开(O) 按钮，如图6-25所示。

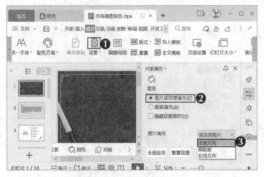

图6-24 选择填充方式

图6-25 选择图片

（3）在"对象属性"任务窗格中单击选中"隐藏背景图形"复选框，隐藏原设计模板的背景，然后单击 全部应用 按钮，如图6-26所示。

（4）系统将把当前背景应用于演示文稿中的所有幻灯片。然后选择第2至第9张幻灯片，将图片填充透明度设置为"86%"，如图6-27所示，完成本任务的制作。

图6-26 应用背景

图6-27 设置图片背景透明度

任务二　制作"年终工作总结"演示文稿

小乐和米拉是闺蜜，小乐的公司明天下午有一场年终总结会议，要求每个人对自己上一年的工作情况进行总结，并且以演示文稿的形式在会议上展示。小乐的演示文稿制作水平有限，演示文稿的呈现效果也不能令人满意，于是拜托米拉帮她制作。本任务的参考效果如图6-28所示。

素材所在位置	素材文件\项目六\背景.png
效果所在位置	效果文件\项目六\年终工作总结.dps

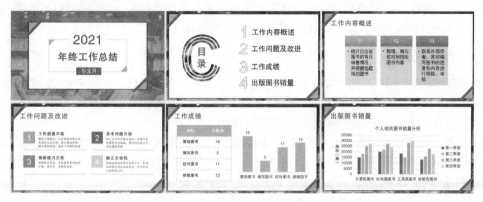

图 6-28　"年终工作总结"演示文稿

一、任务描述

（一）任务背景

年终工作总结是对一年来的工作情况进行回顾和分析，找出问题，总结经验，以便后期工作的顺利开展。年终工作总结既可以是对个人的工作情况进行总结，也可以是对公司或部门整体的工作情况进行总结，一般包括工作概述、取得的成绩、不足之处、下一年的工作计划等，用户可以根据实际情况选择年终工作总结中所包含的内容。

（二）任务目标

（1）能够设计幻灯片母版，统一演示文稿的效果。
（2）能够使用图片、图标和智能图形等对象图示化展示幻灯片中的文字。
（3）能够通过文本框实现自由排版布局。
（4）能够通过表格和图表来展示幻灯片中的数据。

二、相关知识

在设计和制作幻灯片时，合理利用母版和对象，可以美化幻灯片和丰富幻灯片的内容。下面对母版和对象的一些基础知识进行介绍。

（一）认识演示文稿母版

WPS 演示提供了幻灯片母版、备注母版和讲义母版 3 种母版类型，不同的母版有不同的作用和设计方法。

- **幻灯片母版：** 用于存储幻灯片中的所有信息，包括主题、背景、颜色、字体格式、段落格式、形状、图片、文本框、智能图形、表格、切换效果和动画等，当幻灯片母版发生变化时，其对应的幻灯片也会发生相同的变化。另外，通过幻灯片母版添加的对象、动画、页眉和页脚等只能在幻灯片母版中更改，不能在普通视图中更改。

- **备注母版：** 当需要为演示文稿输入提示内容，且需要将这些提示内容打印到纸张时，就需要通过备注母版对备注内容、备注页方向、幻灯片大小，以及页眉、页脚、日期、正文和图形等进行设置。
- **讲义母版：** 演示者为了在演示过程中通过纸稿快速了解每张幻灯片中的内容，就需要通过讲义母版对幻灯片在纸稿中的显示方式进行设置，包括每页纸上显示的幻灯片数量、幻灯片大小、讲义方向，以及页眉、页脚、日期、页码等信息。

（二）合并形状

合并形状功能可用于将两个或两个以上的形状组合成一个新的形状。在 WPS 演示中，选择需要合并的多个形状，单击"绘图工具"选项卡中的"合并形状"按钮 ◎，可在弹出的下拉列表中选择结合、组合、拆分、相交或剪除选项，执行相应操作。

- **结合：** 将多个相互重叠或分离的形状结合成一个新的形状，且新形状的颜色以选择的第一个形状颜色来填充。图6-29所示为执行合并形状操作前的两个形状，图6-30所示为执行结合操作后的形状。
- **组合：** 将多个相互重叠或分离的形状组合成一个新的形状，但形状的重合部分将被剪除。图6-29中两个形状执行组合操作后的效果如图6-31所示。

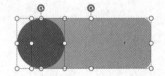  

图 6-29　执行合并形状操作前的两个形状　　　　图 6-30　结合　　　　　　　图 6-31　组合

- **拆分：** 将多个形状重合或未重合的部分拆分为多个形状，并且每个形状可自由调整大小、位置和填充颜色等。图6-29中两个形状执行拆分操作后的效果如图6-32所示。
- **相交：** 将多个形状未重叠的部分剪除，重叠的部分将被保留。图6-29中两个形状执行相交操作后的效果如图6-33所示。
- **剪除：** 将第一个被选中的形状与其他形状重叠的部分剪除，并只保留第一个形状剩余的部分。图6-29中两个形状执行剪除操作后的效果如图6-34所示。

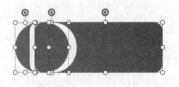

图 6-32　拆分　　　　　　　　　图 6-33　相交　　　　　　　图 6-34　剪除

（三）图片裁剪的方法

用户可以根据需要对幻灯片中的图片进行裁剪，使图片更贴合幻灯片布局。WPS演示提供了直接裁剪、形状裁剪、比例裁剪和创意裁剪4种方法，用户可以根据需要选择合适的方法裁剪图片。

- **直接裁剪：** 按照需要对图片的上、下、左、右四条边进行裁剪。选择图片，单击"图片工具"选项卡中的"裁剪"按钮 ⊿，图片四周将出现裁剪框，将鼠标指针移动到裁剪框上，拖曳，可调整裁剪的范围，如图6-35所示。调整完成后，单击幻灯片其他区域，可退出图片裁剪状态。

- **形状裁剪：** 将图片裁剪为指定的形状。选择图片，单击"图片工具"选项卡中"裁剪"按钮▨下方的下拉按钮▾，在弹出的下拉列表中选择"裁剪"选项，在弹出的子列表中选择"按形状裁剪"选项卡中的任意形状，即可将图片裁剪为选择的形状，如图6-36所示。

图 6-35 直接裁剪   图 6-36 按形状裁剪

- **比例裁剪：** 按照指定的比例裁剪图片。选择图片，单击"图片工具"选项卡中"裁剪"按钮▨下方的下拉按钮▾，在弹出的下拉列表中选择"裁剪"选项，在弹出的子列表中选择"按比例裁剪"选项卡中的任意裁剪比例，即可按照指定的比例裁剪图片，如图6-37所示。
- **创意裁剪：** 将图片裁剪为一些创意十足的图案或形状，以增强图片的视觉效果。选择图片，单击"图片工具"选项卡中"裁剪"按钮▨下方的下拉按钮▾，在弹出的下拉列表中选择"创意剪裁"选项，在弹出的子列表中选择需要的形状，即可将图片裁剪为指定的形状，如图6-38所示。需要注意，执行此操作后，原图片将变成形状，之后也只能按照编辑形状的方法编辑该图片。

图 6-37 比例裁剪   图 6-38 创意裁剪

三、任务实施

（一）设计幻灯片母版

为了使演示文稿中的所有幻灯片风格统一，用户可以通过幻灯片母版来设计幻灯片版式。具体操作如下。

（1）新建"年终工作总结.dps"演示文稿，单击"视图"选项卡中的"幻

微课视频
设计幻灯片母版

灯片母版"按钮圖，进入幻灯片母版视图。

（2）在幻灯片窗格中选择第1张幻灯片版式，单击"幻灯片母版"选项卡中的"背景"按钮▨，打开"对象属性"任务窗格，在其中单击选中"图片或纹理填充"单选项，在"图片填充"下拉列表框中选择"本地文件"选项，如图6-39所示。

（3）打开"选择纹理"对话框，选择"背景.png"图片，然后单击 打开(O) 按钮，将其填充为幻灯片母版版式的背景。

知识补充　　　　　　　　**幻灯片母版版式**

　　进入幻灯片母版视图后，左侧幻灯片窗格中的第1张幻灯片即母版版式，它的改变会影响所有幻灯片，幻灯片中其他版式的改变只影响使用该版式的幻灯片。所以在设计幻灯片母版时，一般先设计母版版式，再根据需要设计其他版式。

（4）绘制一个矩形形状，取消其形状轮廓，并将其填充颜色设置为"白色，背景1"。然后单击"绘图工具"选项卡中的"形状效果"按钮▨，在弹出的下拉列表中选择"阴影"选项，在弹出的子列表中选择"居中偏移"选项，如图6-40所示。

图 6-39　设置背景填充　　　　　　　　图 6-40　设置形状效果

（5）保持形状的选择状态，单击"绘图工具"选项卡中"下移一层"按钮▨右侧的下拉按钮▾，在弹出的下拉列表中选择"置于底层"选项，如图6-41所示。

（6）在矩形形状左上角绘制一个直角三角形，取消其形状轮廓，并将其填充颜色设置为"橙色"，然后单击"绘图工具"选项卡中的"旋转"按钮▨，在弹出的下拉列表中选择"向右旋转90°"选项，如图6-42所示。

图 6-41　调整叠放顺序　　　　　　　　图 6-42　设置旋转方向

（7）在直角三角形右侧绘制一个斜纹形状，取消其形状轮廓，并将其填充颜色设置为"珊瑚红，着色5，深色25%"，然后复制直角三角形和斜纹形状，粘贴到白色矩形的右下角，并调整其旋转方向。

（8）选择标题占位符，在"文本工具"选项卡中将字体设置为"方正黑体简体"，字号设置为"44"，字体颜色设置为"珊瑚红，着色5，深色25%"。

（9）选择第2张标题页版式，单击"幻灯片母版"选项卡中的"背景"按钮，打开"对象属性"任务窗格，在其中单击选中"隐藏背景图形"复选框，隐藏标题页版式中的图形，如图6-43所示。

（10）选择母版版式中的白色矩形、直角三角形和斜纹形状，将其粘贴到标题页版式中，并调整其大小和位置。

（11）绘制一个与页面大小一致的矩形，取消其形状轮廓，并将其填充颜色设置为"白色，背景2，深色25%"，并将其下移一层。

（12）在白色矩形上再绘制一个矩形，取消形状填充颜色，将矩形轮廓设置为"灰色"，然后在小矩形左上角和右下角分别添加一个直角三角形并设置其填充颜色和轮廓，最后单击"幻灯片母版"选项卡中的"关闭"按钮，退出幻灯片母版视图，如图6-44所示。

图6-43 隐藏背景图形

图6-44 退出幻灯片母版视图

知识补充　　　　　　　　　　应用主题

应用主题可以快速更改整个演示文稿的整体设计，包括字体、配色和效果等。应用主题的方法是：单击"幻灯片母版"选项卡中的"主题"按钮，在弹出的下拉列表中选择需要的主题样式。

（二）为幻灯片添加图片和图标

微课视频

为幻灯片添加图片和图标

图片和图标不仅可以丰富幻灯片内容，还可以对文字进行补充说明。下面为幻灯片添加图片和图标，并对图片和图标进行编辑。具体操作如下。

（1）在第1张幻灯片的标题占位符和副标题占位符中输入相应的文本，并对其文本格式、占位符位置和占位符填充效果进行设置。

（2）在"大纲/幻灯片"导航窗格中选择第1张幻灯片，按【Enter】键新建一张内容页幻灯片，然后在标题占位符中输入"目录"文本，并单击内容占位符中的"插入图片"按钮，如图6-45所示。

（3）打开"插入图片"对话框，选择"背景.png"图片后，单击 打开(Q) 按钮。

（4）选择图片，单击"图片工具"选项卡中"裁剪"按钮☑右侧的下拉按钮▼，在弹出的下拉列表中选择"创意裁剪"选项，在弹出的子列表中单击"数字字母"选项卡，在其中选择字母"C"对应的选项，如图6-46所示。

图 6-45　单击"插入图片"按钮

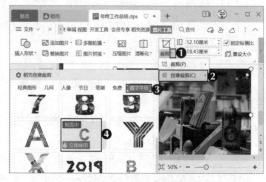

图 6-46　选择创意裁剪样式

（5）图片将被裁剪为字母C的形状，将其调整到合适的大小和位置后，再将标题占位符移动到字母C形状的空白区域中。

知识补充　　　　　　　　　　　　　　　　**替换图片**

选择需要替换的图片，单击"图片工具"选项卡中的"替换图片"按钮，打开"更改图片"对话框，选择需要替换的图片，单击 打开(Q) 按钮，即可替换图片。替换后的图片将保留原图片的大小和格式。

（6）单击"插入"选项卡中的"图标"按钮，在弹出的下拉列表中单击"教育"选项卡，向下滚动鼠标滚轮选择"MBE风数字公式符号"栏中数字"1"对应的选项，如图6-47所示。

（7）使用相同的方法继续插入同风格中的数字"2""3""4"，然后选择所有数字图标，单击"图形工具"选项卡中"图形填充"按钮☆右侧的下拉按钮▼，在弹出的下拉列表中选择"珊瑚红，着色5，深色25%"选项，如图6-48所示。

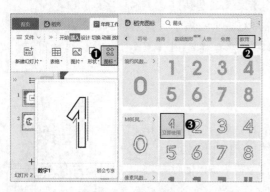

图 6-47　选择图标

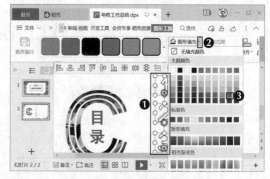

图 6-48　设置图标填充颜色

（三）为幻灯片添加文本框

除了通过占位符输入内容外，还可以通过文本框输入内容。具体操作如下。

（1）选择第1张幻灯片，单击"插入"选项卡中的"文本框"按钮，当鼠标指针变成十形状时，拖曳鼠标指针绘制文本框，并在文本框中输入"乐文月"文本，然后将其字体设置为"方正黑体简体"，字号设置为"32"，字体颜色设置为"白色，背景1"，文本框填充颜色设置为"珊瑚红，着色5，深色25%"。

微课视频
为幻灯片添加文本框

（2）选择文本框，单击鼠标右键，在弹出的快捷菜单中选择"设置对象格式"命令，如图6-49所示。

（3）打开"对象属性"任务窗格，单击"形状选项"选项卡中的"大小与属性"按钮，然后在"垂直对齐方式"下拉列表框中选择"中部居中"选项，使文本框中的文字居中对齐，如图6-50所示。

（4）选择第2张幻灯片，在图标右侧绘制横排文本框，在文本框中输入相应的文本后，再对文本的字体和字号进行设置。

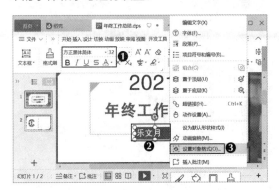

图6-49　选择菜单命令

图6-50　设置文本框对齐方式

知识补充

插入页眉、页脚

单击"插入"选项卡中的"页眉页脚"按钮，打开"页眉和页脚"对话框，在其中对日期和时间、幻灯片编号、页脚信息等进行设置后，单击 全部应用(Y) 按钮，即可将设置的内容应用于演示文稿中的所有幻灯片，或单击 应用(A) 按钮，应用于当前选择的幻灯片。

（四）为幻灯片添加智能图形

智能图形包括列表、流程、循环等多种类型的复杂图形，可以直观地表现信息关系。下面为幻灯片添加列表类型的智能图形。具体操作如下。

微课视频
为幻灯片添加智能图形

（1）新建第3张幻灯片，在其中输入"工作内容概述"标题文本，然后单击"插入"选项卡中的"智能图形"按钮，如图6-51所示。

（2）打开"智能图形"对话框，在"列表"选项卡中选择"水平项目符号列表"选项，如图6-52所示。

（3）在智能图形中输入相应的文本，再将智能图形调整到合适的大小和位置。然后选择智能图形，在"设计"选项卡中的智能图形样式列表框中选择第5种样式，如图6-53所示。

（4）保持智能图形的选择状态，单击"设计"选项卡中的"更改颜色"按钮，在弹出的下拉列表中选择"彩色"栏中的第4个选项，如图6-54所示。

图 6-51 单击"智能图形"按钮

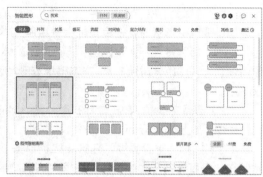

图 6-52 选择智能图形

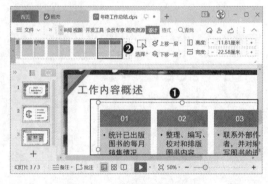

图 6-53 选择智能图形样式

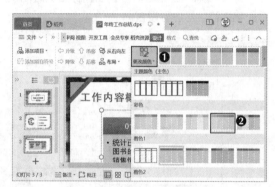

图 6-54 更改智能图形颜色

（5）新建第4张幻灯片，在其中输入标题文本并删除内容占位符，然后单击"插入"选项卡中的"智能图形"按钮 🖾。打开的"智能图形"对话框中，单击"并列"选项卡，选择需要的智能图形，如图6-55所示。

（6）在智能图形中输入文本，并对文本的字体、字号进行设置，然后再对智能图形的填充颜色、轮廓等进行设置，效果如图6-56所示。

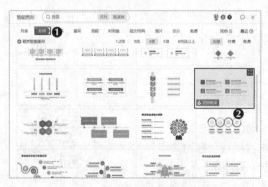

图 6-55 选择稻壳智能图形

图 6-56 智能图形效果

知识补充 　　　　　　　　　　　　**将文本转换为智能图形**

　　选择需要转换为智能图形的文本，单击"开始"选项卡中的"转智能图形"按钮 🖾，在弹出的下拉列表中选择需要的智能图形。

（五）为幻灯片添加表格和图表

微课视频

为幻灯片添加表格和图表

表格和图表能够直观展示幻灯片中的数据，以便于用户查看和快速获取有效信息。具体操作如下。

（1）新建第5张幻灯片，单击内容占位符中的"插入表格"按钮▦，打开"插入表格"对话框，在"行数"数值框中输入"5"，在"列数"数值框中输入"2"，然后单击 确定 按钮，如图6-57所示。

（2）调整表格的大小，并在单元格中输入相应的文本，然后将字体设置为"方正黑体简体"，字号设置为"24"。

（3）选择表格，单击"表格工具"选项卡中的"居中对齐"按钮≡和"水平居中"按钮≑，如图6-58所示。

图6-57 插入表格

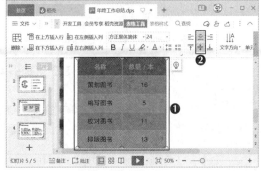

图6-58 设置对齐方式

知识补充　　　　　　　　　**平均分布行或列**

选择表格或多行/多列，单击"表格工具"选项卡中的"平均分布各行"按钮▦，可使所选行的高度平均分布；单击"平均分布各列"按钮▦，可使所选列的宽度平均分布。

（4）保持表格的选择状态，单击"表格样式"选项卡中的下拉按钮▼，在弹出的下拉列表中单击"浅色系"选项卡，选择"浅色样式2-强调4"选项，如图6-59所示。

（5）单击"插入"选项卡中的"图表"按钮▥，打开"图表"对话框，选择"柱形图"选项卡中的"簇状柱形图"选项，如图6-60所示。

图6-59 选择表格样式

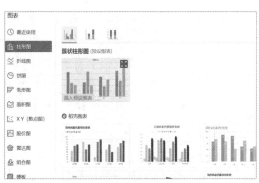

图6-60 选择图表

（6）选择图表，单击"图表工具"选项卡中的"编辑数据"按钮🖉，如图6-61所示。

（7）打开"WPS演示中的图表"窗口，在单元格中输入图表中需要展示的数据，并删除多余的数据区域，然后单击"关闭"按钮×，如图6-62所示。

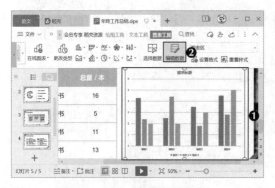

图 6-61　单击"编辑数据"按钮　　　　　图 6-62　输入图表数据

（8）选择图表，单击"图表工具"选项卡中的"快速布局"按钮🔳，在弹出的下拉列表中选择"布局3"选项，如图6-63所示。

（9）保持图表的选择状态，单击图表右侧的"图表元素"按钮🔳，在弹出的下拉列表中单击选中"数据标签"复选框，取消选中"图表标题""图例""网格线"及"坐标轴"中的"主要纵坐标轴"复选框，如图6-64所示。

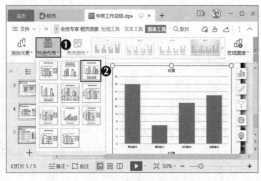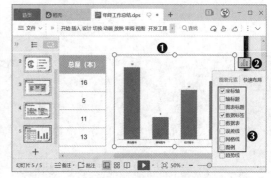

图 6-63　选择图表布局　　　　　　　图 6-64　添加 / 取消图表元素

知识补充　　　　　　　　　　**插入与编辑在线图表**

　　单击"插入"选项卡中"图表"按钮🔳下方的下拉按钮▾，在弹出的下拉列表中选择"在线图表"选项，在弹出的子列表中选择需要的图表类型，然后单击图表右侧的"设置"按钮⚙，打开"稻壳智能特性"任务窗格，在其中可对图表数据、图表类型、背景颜色、配色方案、图表标题、图表数据系列、图表标签、图表图例、图表坐标轴和图表网格线等进行设置。

（10）选择图表，将其字体设置为"方正黑体简体"，字号设置为"24"，然后单击"开始"选项卡中的"加粗"按钮**B**加粗图表中的文本。

（11）选择图表数据系列，单击"绘图工具"选项卡中"填充"按钮🖌下方的下拉按钮▾，在弹出的下拉列表中选择"橙色，着色4"选项，如图6-65所示。

（12）使用相同的方法制作第 6 张幻灯片，效果如图 6-66 所示，完成本任务的制作。

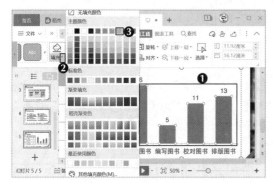

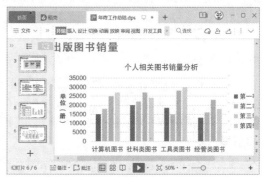

图 6-65　设置数据系列填充颜色　　　　　图 6-66　制作第 6 张幻灯片

知识补充　　　　　**不同格式演示文稿中图表的编辑方法**

以".dps"格式保存的演示文稿，再次打开时，幻灯片中的图表将变成图片，如果要对图表进行编辑，需要双击图表对应的图片，在打开的 WPS 表格窗口中可对图表的数据、图表元素、布局、图表类型等进行编辑。而以".pptx"格式保存的演示文稿，再次打开时，幻灯片中的图表还是图表元素，可以直接通过"图表工具"选项卡编辑。

实训一　制作"教学课件"演示文稿

【实训要求】

本实训将制作"教学课件"演示文稿，因为该课件的受众是小学生，所以课件整体效果要求活泼、配色鲜艳。制作完成后的效果如图 6-67 所示。

图 6-67　"教学课件"演示文稿

素材所在位置　素材文件＼项目六＼教学课件＼

效果所在位置　效果文件＼项目六＼教学课件.dps

【实训思路】

　　教学课件是教师根据教学大纲的要求和教学需要制作而成的演示文稿，它可以生动、形象地描述课程内容，活跃课堂教学气氛，提高学生的学习兴趣，是现代教学使用的重要工具。在制作教学课件时，需要根据学生年龄、教学科目来确定演示文稿的风格和配色。

【步骤提示】

　　要完成本实训，可以先对幻灯片背景进行设置，然后再添加相应的文本和图片，并对文本和图片进行设置。具体操作步骤如下。

　　（1）新建"教学课件"演示文稿，再新建6张幻灯片，然后使用图片填充幻灯片背景。

　　（2）在第1张幻灯片占位符中输入文本，并对文本格式进行设置，然后插入图片，并对图片进行相应的设置。

　　（3）复制第1张幻灯片，将其粘贴到最后，并对其中的文本进行修改。

　　（4）使用相同的方法制作第2~7张幻灯片，并删除幻灯片中多余的占位符。

实训二　制作"竞聘报告"演示文稿

【实训要求】

　　本实训制作"竞聘报告"演示文稿，要求根据提供的文本进行排版布局，使制作的演示文稿美观、整洁、符合主题。制作完成后的效果如图6-68所示。

素材所在位置　素材文件＼项目六＼竞聘报告文本.txt

效果所在位置　效果文件＼项目六＼竞聘报告.dps

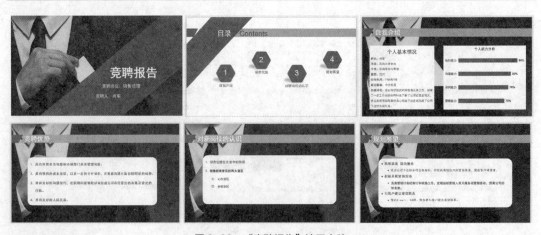

图6-68　"竞聘报告"演示文稿

【实训思路】

　　竞聘报告是竞聘者在竞聘会议上向与会者展示的一种文稿，内容主要包括自我介绍、竞聘优势、对竞聘岗位的认识及被聘任后的工作设想等。竞聘报告演示文稿的配色要显得沉稳，排版布局要简洁。

【步骤提示】

要完成本实训，首先需要输入幻灯片内容，然后再对幻灯片进行美化。步骤具体如下。

（1）新建"竞聘报告"演示文稿，再新建5张幻灯片，然后在各张幻灯片中输入相应的文本。

（2）利用智能美化功能对演示文稿进行全文美化。

（3）对占位符的格式进行调整。

课后练习

本项目主要介绍了演示文稿的新建与保存、幻灯片的新建、幻灯片的移动和复制、幻灯片尺寸的更改、文本的输入与设置、设计模板的套用和修改、图片的插入与编辑、图标的插入与编辑、形状的插入与编辑、表格和图表的使用、幻灯片母版的设计、幻灯片的美化等相关知识。本项目的重点在于幻灯片的排版布局，使制作的幻灯片更具吸引力。

练习1：制作"公司介绍"演示文稿

本练习要求在新建的演示文稿中为幻灯片添加相应的对象，并对对象格式进行设置。参考效果如图6-69所示。

素材所在位置	素材文件\项目六\建筑 .jpg、建筑 1.jpg
效果所在位置	效果文件\项目六\公司介绍 .dps

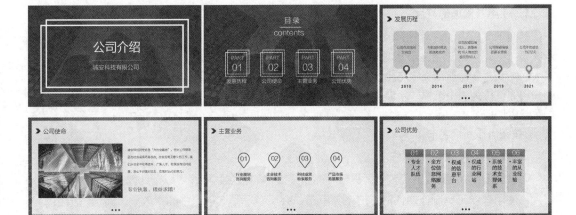

图6-69 "公司介绍"演示文稿

操作要求如下。

- 新建"公司介绍"演示文稿，并在幻灯片母版视图中对幻灯片版式进行设计。
- 在幻灯片中添加需要的文本、图片、智能图形和形状等对象，以丰富幻灯片内容。

练习2：美化"人力资源状况分析报告"演示文稿

本练习要求美化"人力资源状况分析报告"演示文稿，使其整体效果更加美观。参考效果如图6-70所示。

素材所在位置	素材文件\项目六\人力资源状况分析报告 .dps
效果所在位置	效果文件\项目六\人力资源状况分析报告 .dps

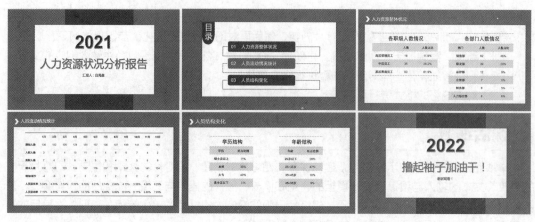

图6-70 "人力资源状况分析报告"演示文稿

操作要求如下。

- 打开"人力资源状况分析报告.dps"演示文稿，进入幻灯片母版视图，在其中对幻灯片版式进行设计。
- 为演示文稿应用统一的配色方案。

技巧提升

1. 使用节管理幻灯片

若演示文稿中的内容分章较多，或幻灯片数量较多，则可以使用WPS演示提供的节功能对演示文稿中的幻灯片进行分节管理，使演示文稿的结构更清晰。使用节管理幻灯片的方法是：单击"大纲/幻灯片"导航窗格中需要分节的位置进行定位，然后单击"开始"选项卡中的"节"按钮，在弹出的下拉列表中选择"新增节"选项，系统将新建一个节；接着在节名称上右击，在弹出的快捷菜单中选择"重命名节"命令，打开"重命名"对话框，在"名称"文本框中输入节名称，单击 重命名(R) 按钮可重新命名节。

2. 使用教学工具制作课件

WPS演示为会员提供了教学工具箱功能，其提供的教学题型库可以帮助教师轻松制作教学幻灯片。使用教学工具制作课件的方法是：单击"会员专享"选项卡中的"教学工具箱"按钮，打开"教学工具箱"任务窗格，在左侧选择制作课件的类型，在右侧将显示相关学科的题型库，选择需要的题型库后，系统将开始加载并打开对应题型库的对话框，在其中进行相应的设置后，单击 预览 按钮可预览幻灯片效果，单击 确定 按钮可将制作的幻灯片插入所选幻灯片。

3. 使用AI技术一键排版

制作幻灯片时，如果不知道怎么排版，可以使用WPS演示提供的AI技术一键自动美化排版，轻松解决幻灯片排版难题。使用AI技术一键排版的方法是：选择幻灯片中的文本、图片和形状等对象，单击状态栏中的"智能美化"按钮，在弹出的下拉列表中选择"单页美化"选项，系统将根据幻灯片中的内容进行排版，并显示排版方案，如图6-71所示。

图6-71 智能排版

4. 自定义母版字体

当需要统一设置和更改幻灯片母版中文本框或占位符的文本格式时，可以使用演示工具中的自定义母版字体功能。自定义母版字体的方法是：单击"开始"选项卡中的"演示工具"按钮，在弹出的下拉列表中选择"自定义母版字体"选项，打开"自定义母版字体"对话框，在"请选择下图中的文本框"中选择需要更改文本格式的文本框，在"设置文本格式"栏中对所选文本框的字体、字号、字体颜色、加粗效果、下画线、行距等进行设置，设置完成后单击 应用 按钮。

> **知识补充** | **批量设置字体**
>
> 单击"开始"选项卡中的"演示工具"按钮，在弹出的下拉列表中选择"批量设置字体"选项，打开"批量设置字体"对话框，在其中可对替换范围、目标和样式等进行设置，完成后单击 确定 按钮，即可批量替换演示文稿中指定幻灯片的字体。

5. 通过分页插图制作电子相册

制作电子相册时，经常需要插入大量图片，若一张一张地手动插入会非常浪费时间，此时可以通过WPS演示提供的分页插图功能快速插入图片。通过分页插图功能制作电子相册的方法是：单击"插入"选项卡中"图片"按钮下方的下拉按钮，在弹出的下拉列表中选择"分页插图"选项，打开"分页插入图片"对话框，选择需要插入的图片，单击 打开(Q) 按钮。采用这种方法插入图片，每张图片会自动分页添加。另外，若幻灯片不够，系统会自动新建幻灯片并插入图片。

6. 图片拼接

在制作产品宣传、景点介绍等演示文稿时，一张幻灯片中可能需要插入多张图片，要想使图片的排版更加合理、美观，可以使用WPS演示提供的图片拼接功能对图片进行拼接。拼接图片的方法是：选择幻灯片中的多张图片，单击"图片工具"选项卡中的"图片拼接"按钮，在弹出的下拉列表中选择图片张数所对应的拼图样式，如图6-72所示，所选图片将按照选择的拼图样式进行拼接。另外，在"对象属性"任务窗格中单击"对象属性"文本，在弹出的下拉列表中选择"智能特性"选项，切换到"智能特性"任务窗格，可对图片间距、拼图样式等进行设置，如图6-73所示。

图 6-72　选择拼图样式

图 6-73　"智能特性"任务窗格

7. 批量处理图片

WPS演示为会员提供了批量处理图片的功能，会员可以快速对演示文稿中的所有图片执行裁剪、压缩、导出、抠图、旋转、更改尺寸、修改格式、加水印和重命名等操作，提高图片的处理效率。批量处理图片的方法是：单击"图片工具"选项卡中的"批量处理"按钮，在弹出的下拉列表中选择对应选项，然后在打开的对话框中按照提示执行批量操作。

项目七
多媒体设计及放映和输出WPS演示文稿

情景导入

米拉将制作好的"产品宣传"演示文稿交给老洪，却被老洪退了回来，并不是因为演示文稿制作得不好，而是因为演示效果欠佳。

老洪告诉米拉，制作演示文稿的最终目的是放映，所以在制作演示文稿时，不仅要考虑演示文稿的整体效果，还需要考虑添加多媒体文件和动画效果以增加演示文稿的生动性，以及放映场合、输出格式等。

听完老洪的分析后，米拉终于知道了"产品宣传"演示文稿的问题所在。于是，米拉开始学习多媒体设计及放映和输出WPS演示文稿的相关知识，同时对演示文稿存在的问题进行修改。

学习目标

- 能够在幻灯片中插入音频、视频等多媒体文件
- 能够为幻灯片或幻灯片中的对象添加适合的动画
- 能够放映和分享演示文稿
- 能够将演示文稿输出为不同格式的文件

素养目标

- 提升演示文稿的动画设计能力，使动画衔接自然、流畅
- 遵守演示文稿的放映规范，优化演示文稿放映效果

任务一　动态展示"端午节日介绍"演示文稿

　　端午节即将来临，公司决定举办一个端午节活动，既可以提供员工间互相沟通的机会，增进员工之间的感情，又可以弘扬传统文化。老洪让米拉针对这次活动制作一个关于端午节日介绍的演示文稿，方便在活动时放映，要求动态展示演示文稿中的内容，激发观看者的兴趣。本任务的部分参考效果如图7-1所示。

素材所在位置	素材文件\项目七\端午节日介绍.dps、端午节习俗.mp4
效果所在位置	效果文件\项目七\端午节日介绍.dps

图7-1　"端午节日介绍"演示文稿

一、任务描述

（一）任务背景

端午节是我国的传统节日，不同地区的习俗有一定差异。在制作"端午节日介绍"演示文稿时，一定要体现端午节的习俗。另外，因为这类演示文稿更多出现于文化宣传和教学课件中，所以可以通过添加动画的方式来让演示文稿更加生动、形象。

（二）任务目标

（1）能够插入超链接，切换放映的幻灯片。
（2）能够插入音频或视频文件，并根据需要设置播放选项。
（3）能够给幻灯片或幻灯片中的对象添加需要的动画。
（4）能够设置播放顺序、动画计时等，让动画之间的衔接更加自然。

二、相关知识

通过 WPS 演示动态展示演示文稿内容，通常需要借助视频、特效和动画等，下面介绍视频类型、特效和动画、动画类型等基础知识。

（一）视频类型

在 WPS 演示中，用户既可以插入计算机中保存的视频，也可以插入根据视频模板制作的开场动画视频，其插入方法分别介绍如下。

- **插入本地视频：**选择需要插入视频的幻灯片，单击"插入"选项卡中的"视频"按钮 ▣，在弹出的下拉列表中选择"嵌入视频"或"链接到视频"选项，打开"插入视频"对话框，选择需要的视频文件，单击 打开(Q) 按钮。
- **插入开场动画视频：**选择需要插入开场动画视频的幻灯片，单击"插入"选项卡中的"视频"按钮 ▣，在弹出的下拉列表中选择"开场动画视频"选项，打开"视频模板"对话框，选择所需的视频模板，单击 立即制作 按钮，系统将打开视频模板对应的对话框，用户可根据需要对视频模板中的图片或文字进行更改，如图7-2所示。修改完成后单击 ⊡ 预览视频 按钮，可预览更改后的视频效果，确认无误后单击 ⊙ 生成视频 按钮。

图 7-2　插入开场动画视频

（二）特效和动画

在 WPS 演示的"开始"选项卡的"新建幻灯片"下拉列表中有"特效"和"动画"选项卡，在"特效"选项卡中可设置局部突出、创意剪裁、创意数字、视频版式、图片拼图等特效。在"动画"选项卡中可设置图文动画、产品数据、企业报告、行业分析、倒计时和计时器等动画。用户在制作演示文稿时应用这些特效和动画，可以提高工作效率，并使制作的演示文稿更加美观。有些特效或动画在第 6 章已讲解过，所以下面只介绍未讲解过的特效或动画。

- **局部突出：** 通过放大镜放大幻灯片中的局部内容，使重点更加突出，常用于细节的展示。
- **创意数字：** 为数字添加创意效果，突出显示幻灯片中的重要数据。
- **视频版式：** 为幻灯片提供视频版式。需要注意的是，新建视频版式的幻灯片后，里面的视频不是自动提供的，需要用户手动添加保存在计算机中的视频，其方法是：在视频图标上单击鼠标右键，在弹出的快捷菜单中选择"更改视频"命令，打开"更改视频"对话框，在其中选择需要的视频进行替换。
- **图文动画（多图轮播）：** 轮流播放幻灯片中的多张图片。
- **产品数据：** 属于动态数字中的一种动画效果，主要用于动态展示与产品数据相关的幻灯片中的一些重要数据。在"智能特性"任务窗格中可以对动画类型、动画速度和生成动态数字图示等进行设置。
- **企业报告：** 属于动态数字中的一种动画，主要用于动态展示与企业报告相关的幻灯片中的一些重要数据。
- **行业分析：** 属于动态数字中的一种动画，主要用于动态展示与行业分析相关的幻灯片中的一些重要数据。
- **倒计时：** 属于动态数字中的一种动画，主要用于动态展示幻灯片中的倒计时数据。
- **计时器：** 属于动态数字中的一种动画，主要用于动态展示幻灯片中的计时数据。

（三）动画类型

WPS 演示提供了进入动画、强调动画、退出动画和动作路径动画 4 种动画类型，每种动画类型又包含了多种动画效果，用户可以根据需要选择合适的动画，并将其应用于幻灯片对象。

- **进入动画：** 指对象进入幻灯片的动画效果，可以实现对象从无到有、陆续展现，如百叶窗、擦除、出现、飞入、盒状、缓慢进入、轮子、劈裂、棋盘、切入等。
- **强调动画：** 指对象从初始状态变化到另一个状态后，再回到初始状态的效果，主要用于对象进入画面后，对重要的内容进行强调。如放大/缩小、更改填充、更改线条、更改字号、更改字体、更改字体颜色、更改字形、透明、陀螺旋等。
- **退出动画：** 指对象从有到无、逐渐消失的动画效果，如百叶窗、擦除、飞出、缓慢移出、阶梯状、菱形、轮子、劈裂、棋盘、切出等。
- **动作路径动画：** 指对象按照绘制的路径进行运动的一种高级动画效果，可以实现动画的灵活变化，如直线、曲线、任意多边形、自由曲线等。另外，用户还可以根据需要自行绘制动作路径。

三、任务实施

（一）插入超链接

为幻灯片中的文本、图片和图形等对象添加超链接后，可以在放映幻灯片时实现交互。具体操作如下。

（1）打开"端午节日介绍.dps"演示文稿，选择第2张幻灯片中的"节日概述"文本，然后单击"插入"选项卡中"超链接"按钮🔗下方的下拉按钮▾，在弹出的下拉列表中选择"本文档幻灯片页"选项，如图7-3所示。

（2）打开"插入超链接"对话框，在"链接到"列表框中单击"本文档中的位置"选项卡，在"请选择文档中的位置"列表框中选择"3.幻灯片3"选项，然后单击 确定 按钮，如图7-4所示。

微课视频

插入超链接

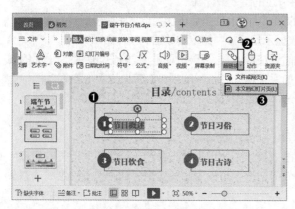

图 7-3　插入超链接

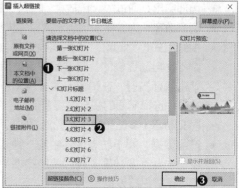

图 7-4　设置超链接

知识补充　　　　　　　　　　　关联对象

　　在"插入超链接"对话框中单击"原有文件或网页"选项卡，可设置链接到当前演示文稿和指定的网页；单击"电子邮件地址"选项卡，可设置链接到某个电子邮件；单击"链接附件"选项卡，可设置链接到指定的附件。

（3）添加超链接的文本下方将增加下画线，如图7-5所示，然后按【Shift+F5】组合键放映当前幻灯片。

（4）单击幻灯片中的超链接文本可切换到链接的幻灯片，然后按【Esc】键退出幻灯片放映状态，并继续为幻灯片中的其他文本添加超链接，如图7-6所示。

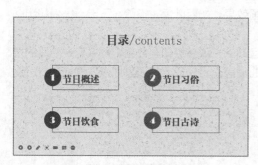

图 7-5　查看添加超链接的文本

图 7-6　为其他文本添加超链接

知识补充　　　　　　　　　　　**添加动作**

　　选择需要添加动作的对象，单击"插入"选项卡中的"动作"按钮，打开"动作设置"对话框，在"鼠标单击"选项卡中单击选中"超链接到"单选项，在下方的下拉列表框中选择动作链接的对象，然后单击 确定 按钮。若在"超链接到"下拉列表框中选择"其他文件"选项，系统将打开"超链接到其他文件"对话框，在其中选择需要链接的文件后，单击 打开(Q) 按钮，即可在放映幻灯片时通过单击对象打开链接的文件。

（二）插入音频并设置播放选项

　　在幻灯片中插入音频可以起到烘托气氛的作用。具体操作如下。

　　（1）选择第1张幻灯片，单击"插入"选项卡中的"音频"按钮，在弹出的下拉列表"稻壳音频"栏中的搜索框中输入音频关键字"节日"，然后按【Enter】键，可单击按钮试听音乐，若觉得合适，则单击 立即使用 按钮，如图7-7所示。

　　（2）音频下载完成后，系统将在幻灯片中插入音频图标。用户可调整其大小，并将其移动到幻灯片左上角。

　　（3）选择音频图标，在"音频工具"选项卡中单击选中"跨幻灯片播放"单选项和"放映时隐藏""循环播放，直至停止"复选框，如图7-8所示。

图7-7　选择音频

图7-8　设置音频播放选项

知识补充　　　　　　　　　　**剪辑音频**

　　选择幻灯片中的音频图标，单击"音频工具"选项卡中的"裁剪音频"按钮，打开"裁剪音频"对话框，在"开始时间"和"结束时间"数值框中输入音频开始播放时间和结束播放时间，单击 确定 按钮。

（三）插入并编辑视频

　　在幻灯片中插入视频可以增强视觉效果，也方便观众理解信息。具体操作如下。

　　（1）选择第7张幻灯片，单击"插入"选项卡中的"视频"按钮，在弹

出的下拉列表中选择"嵌入视频"选项，如图 7-9 所示。

（2）打开"插入视频"对话框，选择"端午节习俗.mp4"视频文件，然后单击 打开(Q) 按钮，如图 7-10 所示。

图 7-9 选择"嵌入视频"选项

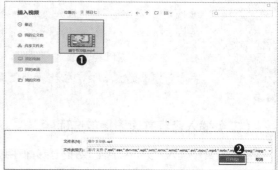

图 7-10 插入视频文件

（3）选择视频图标，单击"视频工具"选项卡中的"裁剪视频"按钮，打开"裁剪视频"对话框，在"开始时间"和"结束时间"数值框中输入视频开始播放时间和结束播放时间，单击 确定 按钮，如图 7-11 所示。

（4）保持视频图标的选择状态，在"视频工具"选项卡中单击选中"全屏播放"复选框，如图 7-12 所示。

图 7-11 剪辑视频

图 7-12 设置视频播放选项

（四）添加和设置切换效果

切换效果是指在幻灯片放映过程中从一张幻灯片切换到下一张幻灯片时的动画效果。具体操作如下。

（1）选择第1张幻灯片，在"切换"选项卡中的"切换效果"列表框中单击 按钮，在弹出的下拉列表中选择"擦除"选项，如图7-13所示。

（2）单击"切换"选项卡中的"效果选项"按钮 ，在弹出的下拉列表中选择"向右"选项，如图7-14所示。

微课视频

添加和设置切换效果

图 7-13　选择切换动画

图 7-14　设置切换方向

（3）单击"切换"选项卡中"声音"下拉列表框右侧的下拉按钮，在弹出的下拉列表中选择"风铃"选项，如图7-15所示。

（4）在"切换"选项卡中的"速度"数值框中输入"00.50"，然后单击"应用到全部"按钮，如图7-16所示，将当前幻灯片的切换效果应用到演示文稿中的所有幻灯片。

图 7-15　选择切换声音

图 7-16　为所有幻灯片应用相同的切换效果

（五）添加和设置动画效果

在WPS演示中，用户既可以为幻灯片中的对象添加内置的动画效果，又可以添加智能动画样式。具体操作如下。

微 课 视 频

添加和设置动画效果

（1）选择第1张幻灯片中的"端午节"文本框，单击"动画"选项卡中的"智能动画"按钮，在弹出的下拉列表中选择"放大强调"选项，并单击 免费下载 按钮，如图7-17所示。

（2）所选动画样式将应用于文本框。保持文本框的选择状态，单击"动画"选项卡中的"动画属性"按钮，在弹出的下拉列表中选择"水平"选项，如图7-18所示。

（3）选择"农历五月初五"文本框，在"动画"选项卡的动画列表框中，选择"进入"栏中的"出现"选项。

（4）保持文本框的选择状态，单击"动画"选项卡中的"动画窗格"按钮，打开"动画窗格"任务窗格。单击 添加效果 按钮，在弹出的下拉列表中选择"强调"栏中的"更改字体"选项，如图7-19所示。单击"字体颜色"下拉列表框右侧的下拉按钮，在弹出的下拉列表中选择"橙色"选项，如图7-20所示。

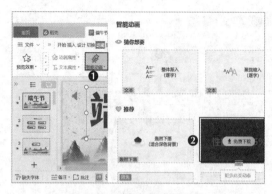

图 7-17　选择智能动画样式

图 7-18　设置动画属性

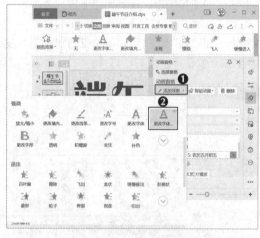

图 7-19　添加动画效果

图 7-20　设置字体颜色

知识补充　　　　　　　　为同一对象添加多个动画效果

　　　　为幻灯片中的对象添加动画效果时，可以为同一对象添加多个动画。为同一对象添加多个动画的方法是：添加第一个动画效果时，直接通过智能动画或"动画"选项卡中的动画列表框添加；从添加第 2 个动画起，通过"动画窗格"任务窗格中的 添加效果 按钮添加。

　　（5）选择图片，在"动画"选项卡的动画列表框中选择"进入"栏中的"上升"选项，如图7-21所示。

　　（6）使用相同的方法为其他幻灯片的对象添加内置动画效果，如图7-22所示。

知识补充　　　　　　　　使用动画刷复制动画效果

　　　　选择幻灯片中已经设置好动画效果的对象，单击"动画"选项卡中的"动画刷"按钮，此时鼠标指针将变成形状，将鼠标指针移动到需要应用同一动画效果的对象上，然后单击，即可为对象应用相同的动画效果。

图 7-21　为图片添加动画效果

图 7-22　为其他幻灯片的对象添加动画效果

（六）添加自定义动作路径动画

自定义动作路径动画是指根据需要自行绘制对象的运动轨迹。下面为第7张幻灯片中的视频图标添加自定义动作路径动画。具体操作如下。

微课视频

添加自定义动作路径动画

（1）选择第7张幻灯片中的视频图标，在"动画"选项卡中的动画列表框中选择"自定义"选项，如图7-23所示。

（2）当鼠标指针变成 ✎ 形状时，拖曳鼠标绘制动作路径。其中绿色三角形表示动画开始位置，红色三角形表示动画结束位置，将鼠标指针移动到绿色三角形上，向右拖曳，调整动画起始位置，如图7-24所示，拖曳到合适位置后释放鼠标。

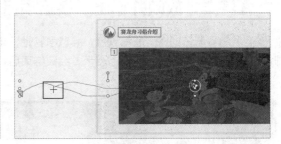

图 7-23　选择"自定义"选项　　　　　图 7-24　调整动作路径

（七）设置播放顺序和动画计时

若要衔接幻灯片中各对象的动画，就需要对动画的开始时间、持续时间、延迟时间和播放顺序等进行设置。具体操作如下。

微课视频

设置动画计时和播放顺序

（1）打开"动画窗格"任务窗格，选择"图片6"动画选项，将其拖曳到音频效果选项的下方，如图7-25所示。

（2）释放鼠标后，"图片6"动画选项将移动到音频效果选项下方，然后保持"图片6"动画选项的选择状态，在"开始"下拉列表框中选择"与上一动画同时"选项，在"速度"下拉列表框中选择"非常快(0.5秒)"选项，如图7-26所示。

（3）使用相同的方法设置该幻灯片中其他动画选项和其他幻灯片中动画选项的顺序和计时。

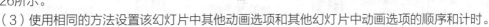

图 7-25　移动动画选项位置

图 7-26　设置动画计时

知识补充　　　　　　　　　　　　**添加触发动画**

　　触发动画是指单击一个对象从而触发另一个对象或动画发生的动画效果，在幻灯片中，触发对象可以是图片、图形、按钮、段落或文本框等。添加触发动画的方法是：在"动画窗格"任务窗格中选择需要添加触发动画的动画选项，右击该选项，在弹出的快捷菜单中选择"计时"命令，打开对应的对话框，然后在"计时"选项卡中单击 触发器(T)▼ 按钮，再单击选中"单击下列对象时启动效果"单选项，接着在其后的下拉列表框中选择触发该对象选项，最后单击 确定 按钮。

任务二　放映并输出"楼盘项目介绍"演示文稿

　　老洪看着米拉的进步非常欣慰，准备考验她，于是让米拉对"楼盘项目介绍"演示文稿进行放映设置，并在下午的在线会议上展示，会议结束后，再将演示文稿打包发送给参会人员。本任务的部分放映效果如图7-27所示。

图 7-27　"楼盘项目介绍"演示文稿

素材所在位置 素材文件\项目七\楼盘项目介绍.dps

效果所在位置 效果文件\项目七\楼盘项目介绍.zip

一、任务描述

（一）任务背景

楼盘项目介绍对于项目宣传非常重要，它可以让购房者快速了解该楼盘的具体情况，激发购房者的购买欲。楼盘项目介绍的内容一般包括项目介绍、周边配套、优势及机会、房屋户型等。楼盘项目介绍演示文稿多在会议上使用多媒体设备放映，因此在设置动画效果和放映效果时，一定要考虑目标人群和放映场合。

（二）任务目标

（1）能够对演示文稿进行放映设置。

（2）能够按照保存的排练计时放映幻灯片。

（3）能够在放映过程中标记重点。

（4）能够按照要求将演示文稿输出为不同格式的文件。

二、相关知识

放映和输出演示文稿，需掌握演示文稿的放映类型和输出类型。

（一）放映类型

WPS演示中提供的演示文稿放映类型有演讲者放映（全屏幕）和展台自动循环放映（全屏幕）两种，用户可以根据需要进行选择。

- **演讲者放映(全屏幕)：** 以全屏形式放映幻灯片，且演讲者有完全的控制权，如在放映过程中可单击切换幻灯片、动画效果和标注重点内容等。
- **展台自动循环放映(全屏幕)：** 以全屏幕形式自动循环放映幻灯片，不能通过单击切换幻灯片，但可以单击超链接或动作按钮切换幻灯片。

（二）输出类型

WPS演示中提供了多种演示文稿输出类型，用户可以根据需要将演示文稿输出为合适的格式。

- **转图片PPT：** 将幻灯片转成图片，从而避免内容被他人修改。此种输出类型还可以像普通演示文稿一样进行放映。方法是：单击"会员专享"选项卡中的"转图片PPT"按钮，打开"转图片格式PPT"对话框，设置输出目录，单击 开始输出 按钮。
- **输出为PDF：** 将演示文稿输出为PDF文件，从而便于传输、查阅和存储。方法是：单击"会员专享"选项卡中的"输出为PDF"按钮，打开"输出为PDF"对话框，设置输出文件、输出范围、输出选项和保存位置，单击 开始输出 按钮。
- **输出为图片：** 将演示文稿输出为图片，便于分享、传输、保存和阅读。方法是：单击"会员专享"选项卡中的"输出为图片"按钮，打开"输出为图片"对话框，设置输出方式、输出页数、输出格式、输出颜色和输出目录等，单击 输出 按钮。

- **输出为视频：** 将演示文稿输出为视频。WPS演示只能输出".webm"格式的视频文件，而且需要安装转码器才能查看。方法是：单击 ☰ 文件 按钮，在弹出的下拉列表中选择"另存为"选项，在弹出的子列表中选择"输出为视频"选项，打开"另存文件"对话框，设置保存位置和保存名称，单击 保存(S) 按钮。

三、任务实施

（一）放映设置

在放映演示文稿前，还需要对放映类型、放映选项、放映的幻灯片和换片方式等进行设置。具体操作如下。

微课视频
放映设置

（1）打开"楼盘项目介绍.dps"演示文稿，单击"放映"选项卡中"放映设置"按钮 下方的下拉按钮，在弹出的下拉列表中选择"放映设置"选项，如图7-28所示。

（2）打开"设置放映方式"对话框，在"换片方式"栏中单击选中"如果存在排练时间，则使用它"单选项，然后单击 确定 按钮，如图7-29所示。

图 7-28　选择"放映设置"选项

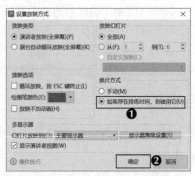

图 7-29　设置换片方式

（3）单击"放映"选项卡中的"自定义放映"按钮 ，打开"自定义放映"对话框，然后单击 新建(N)... 按钮，打开"定义自定义放映"对话框。在"幻灯片放映名称"文本框中输入"主要内容"，在"在演示文稿中的幻灯片"列表框中依次选择第3至第6张幻灯片，然后单击 添加(A)>> 按钮将其添加到"在自定义放映中的幻灯片"列表框中，最后单击 确定 按钮，如图7-30所示。

（4）返回"自定义放映"对话框，在"自定义放映"列表框中将显示自定义放映的名称，然后单击 关闭(C) 按钮，如图7-31所示。

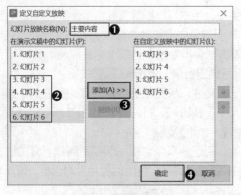

图 7-30　自定义放映设置

图 7-31　查看自定义设置

（二）设置排练计时

执行排练计时操作可以模拟演示文稿的放映过程，记录每张幻灯片的放映时间，从而有助于用户在放映演示文稿时能够根据排练记录的时间自动播放每张幻灯片。具体操作如下。

微课视频

设置排练计时

（1）单击"放映"选项卡中"排练计时"按钮 下方的下拉按钮 ，在弹出的下拉列表中选择"排练全部"选项，如图7-32所示。

（2）系统将从头开始放映幻灯片，并打开"预演"窗格记录第1张幻灯片的放映时间，如图7-33所示。

图 7-32 选择"排练全部"选项　　　　图 7-33 记录第 1 张幻灯片的放映时间

（3）第1张幻灯片放映完成后，单击，放映第2张幻灯片。所有幻灯片放映完成后，系统将会打开"WPS演示"对话框，其中显示了放映的总时间，单击 按钮进行保存，如图7-34所示。

（4）系统将自动切换到浏览视图，在其中可查看每张幻灯片的放映时间，如图7-35所示。

图 7-34 保存排练计时　　　　　　　图 7-35 查看排练计时

知识补充

删除排练计时

若要删除排练计时，可取消选中"切换"选项卡中的"自动换片"复选框，并删除其后数值框中的排练计时数据。

（三）在放映过程中使用画笔标记重点

用户在放映过程中可以用画笔标记幻灯片中的重要内容，使其突出显示。
具体操作如下。

（1）单击"放映"选项卡中的"从头开始"按钮，系统将从头开始放映
幻灯片。

（2）当放映到第3张幻灯片时，单击底部从左数的第3个按钮，并在弹
出的下拉列表中选择"水彩笔"选项，如图7-36所示。

（3）继续单击按钮，在弹出的下拉列表中选择"蓝色"选项，如图7-37所示。

在放映过程中使用
画笔圈划重点

图 7-36　选择笔

图 7-37　设置笔颜色

（4）拖曳鼠标标记重点，如图7-38所示。

（5）再次单击按钮，恢复正常放映状态，继续放映幻灯片。所有幻灯片放映完成后按
【Esc】键退出放映状态，并在打开的对话框中单击 保留(K) 按钮保留墨迹，如图7-39所示。

图 7-38　标记重点

图 7-39　保留墨迹

（四）将演示文稿打包成压缩文件

用户可以将制作好的演示文稿根据需要打包成文件夹或压缩文件，从而便
于传送。具体操作如下。

（1）单击 ≡ 文件 按钮，在弹出的下拉列表中选择"文件打包"选项，在弹
出的子列表中选择"打包成压缩文件"选项。

（2）打开"演示文件打包"对话框，在"压缩文件名"文本框中输入"楼
盘项目介绍"，在"位置"文本框中选择文件保存位置，然后单击 确定 按钮开
始打包。打包完成后将打开"已完成打包"对话框，在其中单击 打开压缩文件 按钮，如
图7-40所示。

将演示文稿打包成
压缩文件

（3）系统将打开压缩文件所在的文件夹，其中显示了已打包的压缩文件，如图7-41所示。

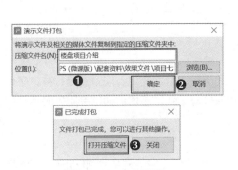

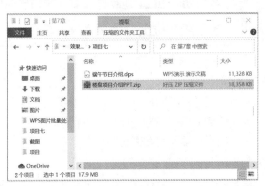

图 7-40　打包设置　　　　　　　　　　　图 7-41　查看压缩文件

实训一　为"新员工入职培训"演示文稿添加动画

【实训要求】

本实训将为"新员工入职培训"演示文稿中的幻灯片和幻灯片对象添加合适的动画效果。制作完成后的效果如图7-42所示。

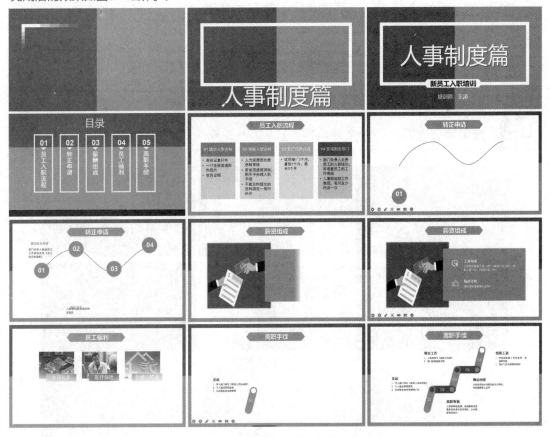

图 7-42　"新员工入职培训"演示文稿

素材所在位置 素材文件\项目七\新员工入职培训 .dps
效果所在位置 效果文件\项目七\新员工入职培训 .dps

【实训思路】

对新员工进行入职培训是为了让新员工快速了解公司历史、公司文化、规章制度、基本工作流程、人员结构和组织结构等信息，以帮助新员工快速融入公司。新员工培训通常会用到演示文稿，以便于新员工快速有效地接收信息。

【步骤提示】

要完成本实训，可以先为幻灯片添加切换动画，再为幻灯片中的对象添加动画。具体步骤如下。

（1）打开"新员工入职培训.dps"演示文稿，为第1张幻灯片添加切换动画，并对切换方向和切换时间进行设置。

（2）单击"应用到全部"按钮，为演示文稿中的所有幻灯片应用相同的切换动画。

（3）为第1张幻灯片中的对象添加动画，并对动画属性、动画计时和动画播放顺序进行设置。

（4）使用相同的方法为其他幻灯片中的对象添加合适的动画。

实训二　放映"二十四节气"演示文稿

【实训要求】

本实训要求放映"二十四节气"演示文稿。制作完成后的效果如图7-43所示。

素材所在位置 素材文件\项目七\二十四节气 .dps
效果所在位置 效果文件\项目七\二十四节气 .dps

图7-43　"二十四节气"演示文稿

【实训思路】

二十四节气是中华民族悠久历史文化的重要组成部分，它反映了自然节律的变化，在指导农事活动方面发挥了重要作用。在制作"二十四节气"演示文稿时，以少量的文字加大量的图排版，可以吸引观众的注意力。

【步骤提示】

本实训主要包括设置排练计时，以及在放映幻灯片时标记重要内容。步骤具体如下。

（1）打开"二十四节气.dps"演示文稿，设置排练计时，并保存排练计时。

（2）在放映过程中对幻灯片中的重点内容进行标记。

课后练习

本项目主要介绍了超链接、音频、视频、切换效果和动画效果等的添加和设置，播放顺序和动画计时的设置，以及放映设置、排练计时设置、标记重点、邀请他人加入会议和将演示文稿打包成压缩文件等相关知识。本项目的重点在于动画的添加和设置，有助于增加演示文稿的生动性和趣味性。

练习1：动态展示"思想品德课件"演示文稿

本练习要求通过添加切换效果和动画效果，动态展示演示文稿中的幻灯片。参考效果如图7-44所示。

 素材所在位置 素材文件\项目七\思想品德课件.dps

效果所在位置 效果文件\项目七\思想品德课件.dps

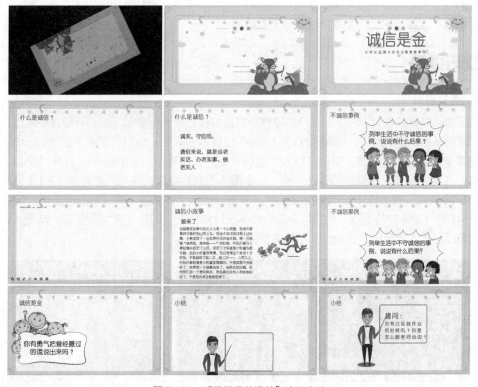

图7-44 "思想品德课件"演示文稿

操作要求如下。

- 打开"思想品德课件.dps"演示文稿，为演示文稿中的所有幻灯片添加相同的切换效果。
- 为幻灯片中的文本、图片等对象添加进入动画，并对动画计时、播放顺序等进行设置。
- 从头开始放映幻灯片。

练习2：将"宣传画册"演示文稿输出为PDF文件

本练习将把"宣传画册"演示文稿输出为 PDF 文件。参考效果如图 7-45 所示。

素材所在位置	素材文件 \ 项目七 \ 宣传画册 .dps
效果所在位置	效果文件 \ 项目七 \ 宣传画册 .pdf

图 7-45　"宣传画册"PDF 文件

操作要求如下。

- 打开"宣传画册.dps"演示文稿，放映演示文稿，预览幻灯片效果。
- 将演示文稿输出为PDF文件，并查看其效果。

技巧提升

1. 屏幕录制

执行屏幕录制操作可以将正在进行的操作、播放的视频和音频录制下来，再通过插入音频或视频的方法将其插入幻灯片中。录制时既可以录制全部屏幕的画面，也可以根据需要录制区域画面。

执行屏幕录制操作的方法是：单击"插入"选项卡中的"屏幕录制"按钮，打开"屏幕录制"对话框，在其中设置录制模式和录制范围，单击按钮开始录制；录制完成后按【F7】键停止录制，"屏幕录制"对话框中显示录制的文件，单击"播放"按钮，播放录制的文件。屏幕录制如图7-46所示。录制的视频、音频将会自动保存在计算机默认的文件夹中，若要将其插入幻灯片中，则可通过插入计算机中的音频或视频来实现。

图 7-46　屏幕录制

2. 将字体嵌入文件

在制作演示文稿时，经常会用到网上下载的字体，如果在未安装这些字体的计算机中放映演示文稿，那么这些字体将会显示为默认字体，影响演示文稿的展示效果。因此，为了保证在未安装相关字体的计算机中也能正常播放演示文稿，就需要在打包或保存演示文稿时，将字体嵌入文件。将字体嵌入文件的方法是：单击 ≡ 文件按钮，在弹出的下拉列表中选择"选项"选项，打开"选项"对话框，在左侧单击"常规与保存"选项卡，在右侧单击选中"将字体嵌入文件"复选框，然后单击 确定 按钮。

3. 隐藏幻灯片

对演示文稿中不需要放映的幻灯片，可以将其隐藏。隐藏幻灯片的方法是：选择需要隐藏的幻灯片，单击"放映"选项卡中的"隐藏幻灯片"按钮，此时，"大纲/幻灯片"导航窗格中对应的幻灯片编号将被填充为灰色并添加斜线，表示不放映该幻灯片。

4. 放大查看幻灯片内容

在放映幻灯片时，可使用放大镜放大查看幻灯片中的内容。放大查看幻灯片内容的方法是：在放映状态下按【Ctrl+G】组合键，系统将在幻灯片中显示放大镜，且放大镜中的内容将被放大显示，移动鼠标可移动放大镜查看其他内容，如图7-47所示。

图 7-47　放大查看幻灯片内容

5. 用手机遥控幻灯片

用户可以用手机遥控幻灯片。用手机遥控幻灯片的方法是：单击"放映"选项卡中的"手机遥控"按钮，打开"手机遥控"对话框，用手机中的WPS Office扫描二维码，将手机与计算机相连接。连接成功后，就可以通过手机实现幻灯片的翻页操作。

6. 动画添加原则

在为幻灯片中的对象添加动画时，需要遵循一定的原则，从而使添加的动画更加流畅，衔接更加自然。

- **重复原则：** 在同一张幻灯片中添加的动画不宜过多，过多的动画会显得杂乱，而且还会分散观众的注意力。在添加动画时，建议同一张幻灯片中的动画不超过两个，可重复使用相同的动画。另外，在为同一演示文稿中的不同幻灯片添加切换效果时，建议将每张幻灯片的切换效果设为一样。
- **强调原则：** 若幻灯片中的内容较多，且需要强调某一点，则可以单独对这个对象添加动画，以达到强调的效果。
- **顺序原则：** 在添加动画时，动画的出现顺序应该遵循内容的逻辑顺序或演讲者的演示顺序。具有并列关系的内容可以同时出现，具有层级关系的内容可以按照从上到下、从左到右的顺序出现。

项目八
综合案例——制作公益广告策划方案

情景导入

  经过学习，米拉已经能熟练使用WPS Office的WPS文字、WPS表格和WPS演示制作办公文档了。

  老洪为了检验米拉对WPS Office的掌握程度，给米拉安排了制作公益广告策划方案的综合练习，包括制作"公益广告策划方案"文档、"广告费用预算表"表格、"公益广告策划方案"演示文稿等。

  于是，米拉开始制作公益广告策划方案。

学习目标

- 能够根据某个活动主题要求制作文档
- 能够编辑表格数据，并将表格分享给他人
- 能够根据文档内容制作演示文稿

素养目标

- 提升对WPS Office的操作能力
- 提升对WPS文字、WPS表格和WPS演示的协同办公能力
- 培养工作中的团结互助意识

任务一　制作"公益广告策划方案"文档

　　为了提升公司的形象和知名度，公司决定让米拉制作一份以"关爱空巢老人"为主题的公益广告策划方案，要求策划方案的结构要完整、排版布局要规整、文档内容要准确。本例的参考效果如图8-1所示。

素材所在位置　素材文件 \ 项目八 \ 任务一 \ 公益广告策划内容 .txt
效果所在位置　效果文件 \ 项目八 \ 任务一 \ 公益广告策划方案 .wps

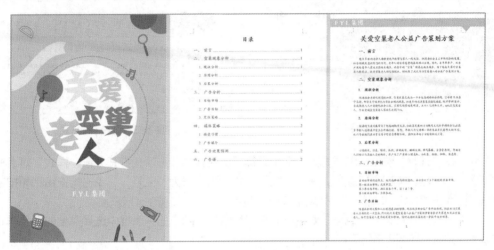

图 8-1　"公益广告策划方案"文档

一、任务描述

（一）任务背景

　　企业开展公益活动可以树立企业形象，培养企业社会责任感。米拉在制作公益广告前，需要做好公益广告的方案策划，以明确公益广告目标，从而统筹公益广告的全方面执行。

（二）任务目标

　　（1）能够快速输入文档内容并排版。
　　（2）能够为文档添加封面、目录、页眉和页脚等。
　　（3）能够将文档分享到云端。
　　（4）能够根据修订意见修改文档内容。
　　（5）能够快速将制作的文档发送到微信工作群。

二、任务实施

（一）输入文档内容并排版

　　下面将新建"公益广告策划方案"文档，输入文档内容并排版。具体操作如下。

（1）新建"公益广告策划方案"文档，输入文档内容。选择除标题外的所有文字，单击"开始"选项卡中的"文字排版"按钮，在弹出的下拉列表中选择"智能格式整理"选项，如图8-2所示。

微课视频

输入并排版文档内容

（2）按【Ctrl+A】组合键选择文档中的所有内容，设置字体为"方正楷体简体"。选择标题文本，将字号设置为"一号"，单击"加粗"按钮 **B**，再单击"居中对齐"按钮三，如图8-3所示。

图8-2 智能整理文档格式

图8-3 设置标题格式

（3）在"开始"选项卡的样式列表框中选择"新建样式"选项，打开"新建样式"对话框，在"名称"文本框中输入"2级"，在"格式"栏中设置字号为"三号"，单击 B 按钮和 按钮，再单击 格式(O) 按钮，在弹出的下拉列表中选择"编号"选项，如图8-4所示。

（4）打开"项目符号和编号"对话框，在"编号"选项卡的列表框中选择需要的编号样式，单击 确定 按钮，如图8-5所示。

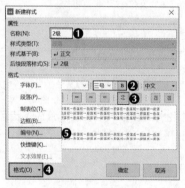

图8-4 新建样式

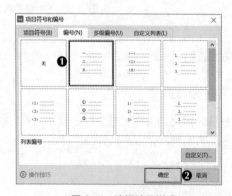

图8-5 选择编号样式

（5）返回"新建样式"对话框，单击 格式(O) 按钮，在弹出的下拉列表中选择"段落"选项，打开"段落"对话框，在"缩进"栏中的"度量值"数值框中输入"1.3"，然后单击 确定 按钮。

（6）返回"新建样式"对话框，单击 确定 按钮。使用相同的方法新建"3级"和"4级"样式，并将新建的"2级""3级""4级"样式应用于文档相应的段落中。

（7）在"4. 目标市场"的编号"4"上右击，在弹出的快捷菜单中选择"重新开始编号"命令，如图8-6所示。

（8）使用相同的方法继续更改其他段落的编号，文档效果如图8-7所示。

图 8-6　选择菜单命令

图 8-7　文档效果

（二）添加封面和目录

下面为"公益广告策划方案"文档添加封面和目录。具体操作如下。

（1）单击"插入"选项卡中的"封面页"按钮，在弹出的下拉列表中选择图8-8所示的样式。

（2）在文档最前面插入选择的封面样式，在文本框中输入文本，并设置字体格式，如图8-9所示。

> 微课视频
>
> 为文档添加封面和目录

图 8-8　选择封面样式

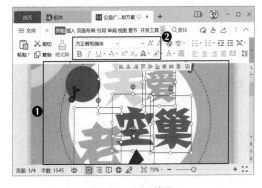

图 8-9　封面效果

（3）将文本插入点定位到"关爱空巢老人公益广告策划方案"段落前，单击"引用"选项卡中的"目录"按钮，在弹出的下拉列表中选择"自定义目录"选项，如图 8-10 所示。

（4）打开"目录"对话框，在"显示级别"数值框中输入"2"，取消选中"使用超链接"复选框，单击 选项(O)... 按钮，如图 8-11 所示。

图 8-10　选择"自定义目录"选项

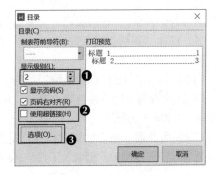

图 8-11　设置目录

（5）打开"目录选项"对话框，删除标题1和标题2对应的目录级别，在"2级"和"3级"对应的"目录级别"文本框中输入"1"和"2"，单击 确定 按钮，如图8-12所示。

（6）返回"目录"对话框，单击 确定 按钮，返回文档，可查看提取的目录效果。在目录最前面一行输入"目录"文字，并设置文本的格式，如图8-13所示。

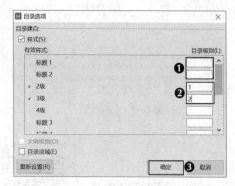

图8-12　设置目录选项

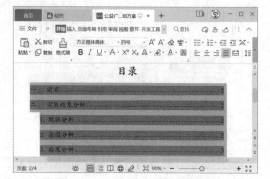

图8-13　设置目录格式

（7）将文本插入点定位到"关爱空巢老人公益广告策划方案"文本前，单击"页面布局"选项卡中的"分隔符"按钮，在弹出的下拉列表中选择"下一页分节符"选项，如图8-14所示。

（8）在文本插入点处插入分节符，此时文本插入点后面的内容将在下一页中显示，如图8-15所示。

图8-14　选择分节符

图8-15　分节效果

（三）添加页眉和页脚

下面为"公益广告策划方案"文档添加页眉和页脚。具体操作如下。

（1）在页眉处双击，进入页眉、页脚编辑状态，将文本插入点定位到第3页的页眉处，单击"页眉页脚"选项卡中的"同前节"按钮，断开与前一节页眉的链接。

（2）将文本插入点定位到第2页的页眉处，单击"页眉页脚"选项卡中的"页眉"按钮，在弹出的下拉列表中单击"商务风"选项卡，选择"青色简约页眉"选项，如图8-16所示。

（3）在页眉处插入选择的页眉样式，更改页眉样式中的文字和字体格式。选择页眉中的形状，在"属性"任务窗格的"颜色"下拉列表中选择"更多颜色"选项，如图8-17所示。

微课视频

添加页眉和页脚

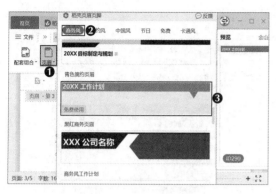

图 8-16　选择页眉样式

图 8-17　设置页眉格式

（4）打开"颜色"对话框，在"自定义"选项卡的"红色""绿色""蓝色"数值框中分别输入"144""222""226"，单击 确定 按钮，如图8-18所示。

（5）选择页眉中的形状，缩小形状的高度，并向下移动形状，然后再向下和向右调整"FYL集团"文本框的位置。

（6）将文本插入点定位到第3页的页脚处，单击"页眉页脚"选项卡中的"同前节"按钮，断开本节与前一节页脚的链接。

（7）单击"页眉页脚"选项卡中的"页码"按钮，在弹出的下拉列表中选择"预设样式"栏中的"页脚中间"选项，如图8-19所示。

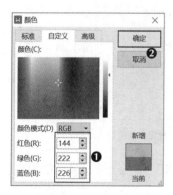

图 8-18　自定义颜色

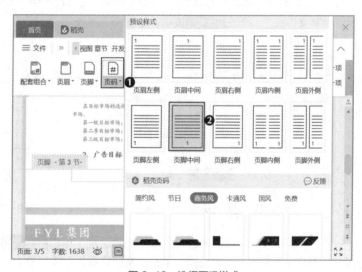

图 8-19　选择页码样式

（8）删除封面页和目录页页码。选择第3页页码，设置字体和字号，然后单击 重新编号 按钮，在弹出的下拉列表的数值框中输入页码起始值"1"，如图8-20所示。

（9）按【Enter】键完成页码起始值的更改，单击"页眉页脚"选项卡中的"关闭"按钮，退出页眉页脚编辑状态。

（10）选择目录，单击"引用"选项卡中的"更新目录"按钮，打开"更新目录"对话框，保持默认设置不变，单击 确定 按钮，如图8-21所示。

（11）目录的页码将自动更新。

图 8-20　设置页码起始值

图 8-21　更新目录

（四）将文档分享到云端

制作好"公益广告策划方案"文档后，可以将文档分享到云端，便于用其他设备打开文档或与他人一起编辑文档。具体操作如下。

（1）单击窗口右上角的"分享"按钮，打开"另存云端开启'分享'"对话框，单击"选择位置"超链接，如图8-22所示。

（2）打开"上传到"对话框，在左侧选择"我的云文档"选项，在右侧选择"共享文件夹"，单击 上传 按钮，如图8-23所示。

微课视频

└ 将文档分享到云端

图 8-22　另存到云端　　　　　　　　　图 8-23　选择上传位置

（3）返回"另存云端开启'分享'"对话框，单击 上传到云端 按钮，开始上传文档，完成后打开"公益广告策划方案"对话框，单击"发给联系人"按钮。

（4）打开"选择联系人"对话框，单击"联系人"选项卡，其中显示添加过的联系人，单击选中相应联系人右侧的复选框，单击 确定 按钮，在打开的文本框中输入备注信息，单击 发送 按钮，如图8-24所示。

（5）返回"公益广告策划方案"对话框，其中显示了已分享的人，单击 × 按钮关闭对话框，如图8-25所示。

图 8-24　设置分享联系人

图 8-25　关闭对话框

（五）接受或拒绝他人修订意见

他人在修订模式下修订"公益广告策划方案"文档后，分享人可以根据情况确认是否接受修订意见。具体操作如下。

微课视频

接受或拒绝他人审核意见

（1）当他人正在编辑分享的文档时，将鼠标指针移动到"开始"选项卡的 按钮上，会显示"文档有修改，点击立即同步修改到云端"提示信息，如图8-26所示。

（2）待他人编辑完成后，在云端打开该文档，可显示修订意见。选择第1条修订，单击"审阅"选项卡中的"拒绝"按钮，拒绝该修订意见，如图8-27所示。

图 8-26　文档修改提示

图 8-27　拒绝修订意见

（3）选择第2条修订，单击"审阅"选项卡中的"接受"按钮，接受此修订意见，如图8-28所示。

（4）继续查看其他修订，确认是否接受，完成后单击"审阅"选项卡中的"修订"按钮，如图8-29所示，退出修订模式。

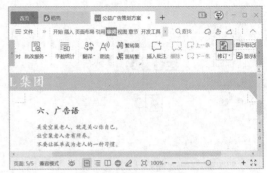

图 8-28　接受修订意见　　　　　　　　　　图 8-29　退出修订模式

（六）通过手机将文档发送到微信工作群

用户打开手机中的WPS Office，登录WPS Office账号，就能打开保存到云端的文档并修改文档，也可将文档发送给他人。具体操作如下。

（1）在手机中启动WPS Office，在打开的界面中就可查看到保存到云端的"公益广告策划方案"文档，单击文档标题，如图8-30所示。

（2）打开文档，单击界面右下角的"分享"按钮，在弹出的下拉列表中单击"微信"按钮，如图8-31所示。

微课视频

通过手机将文档发送到微信工作群

（3）打开"权限设置"界面，选择"任何人可查看"选项，单击 发送微信好友 按钮，如图8-32所示。

图 8-30　单击文档标题　　　　　图 8-31　选择分享方式　　　　　图 8-32　设置文档权限

（4）切换到微信界面，选择需要发送的微信群，在打开的对话框中单击 发送 按钮，如图8-33所示。

（5）将文档发送到选择的微信群中，如图 8-34 所示。

图 8-33　选择微信群发送　　　　图 8-34　查看发送的文档

任务二　制作"广告费用预算表"表格

"公益广告策划方案"文档制作好后，为了在实施该方案的过程中控制各项费用，米拉还需要制作"广告费用预算表"表格，预计各项费用的支出情况。本例的参考效果如图8-35所示。

素材所在位置　素材文件＼项目八＼广告费用预算表 .txt

效果所在位置　效果文件＼项目八＼广告费用预算表 .et

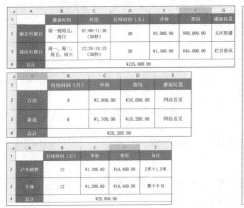

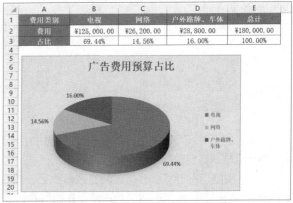

图 8-35　"广告费用预算表"表格

一、任务描述

（一）任务背景

"广告费用预算表"表格用于预计未来一段时间的费用支出情况，以助于决策者根据预测的支出情况控制偏差，从而保证公益广告策划方案的顺利实施。

（二）任务目标

（1）能够创建和美化表格。
（2）能够汇总表格数据。
（3）能够使用图表分析数据。
（4）能够将表格分享给他人。

二、任务实施

（一）创建和美化表格

确定好广告媒介后，就可以根据各广告媒介的推广费用来创建"广告费用预算表"表格。具体操作如下。

（1）新建并保存"广告费用预算表.et"表格，将"Sheet 1"工作表重命名为"电视"。

（2）在"电视"工作表中输入相关数据后，选择B4:G4单元格区域，单击"开始"选项卡中的"合并居中"按钮，如图8-36所示。

微课视频
创建和美化表格

（3）选择A1:G4单元格区域，设置字号为"12"，对齐方式为"水平居中"，再将B1:G1、A2:A4单元格区域的字体加粗显示，如图8-37所示。

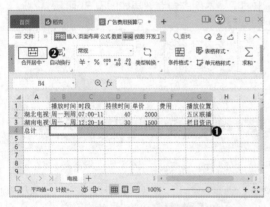

图8-36　合并居中设置

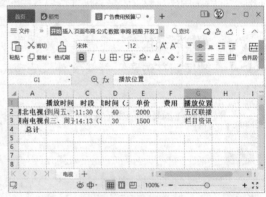

图8-37　设置字体

（4）选择B2:C3单元格区域，单击"开始"选项卡中的"自动换行"按钮，如图8-38所示，使单元格数据自动换行并全部显示出来。

（5）将鼠标指针移到C列右侧的边框线上，向右拖曳至合适位置后释放鼠标，如图8-39所示，增加C列列宽。使用相同的方法调整其他列的列宽和行高。

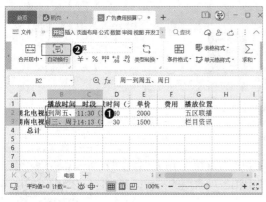

图 8-38 设置自动换行

图 8-39 增加列宽

（6）选择F2单元格，输入公式"=D2*E2"，然后按【Enter】键计算湖北电视台的广告费用，使用相同的方法计算湖南电视台的广告费用，如图8-40所示。

（7）选择B4单元格，输入公式"=SUM(F2:F3)"，按【Enter】键计算总的广告费用。

（8）同时选择B4单元格和E2:F3单元格区域，在"开始"选项卡的"数字格式"下拉列表框中选择"其他数字格式"选项，打开"单元格格式"对话框。

（9）单击"数字"选项卡，在"分类"列表框中选择"自定义"选项，在右侧的"类型"列表框中选择倒数第二个选项，然后单击 确定 按钮，如图8-41所示。

图 8-40 输入并填充公式

图 8-41 设置数字格式

（10）选择B1:G1、A2:A4单元格区域，将字体颜色设置为"白色，背景1"，再为其添加"巧克力黄，着色2"的底纹，最后为A1:G4单元格区域添加边框。效果如图8-42所示。

（11）按住【Ctrl】键的同时选择"电视"工作表，向右拖曳"电视"工作表，释放鼠标后，即可复制"电视"工作表。使用相同的方式再复制1个工作表。

（12）将复制的工作表分别重命名为"网络""户外路牌、车体"，然后根据实际情况修改各工作表中的内容。其他工作表如图8-43所示。

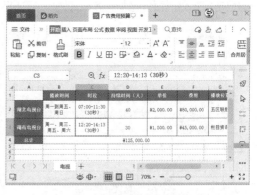

图8-42 设置边框和底纹

	持续时间（月）	单价	费用	播放位置
百度	8	¥2,000.00	¥16,000.00	网站首页
新浪	6	¥1,700.00	¥10,200.00	网站首页
总计			¥26,200.00	

	持续时间（月）	单价	费用	备注
户外路牌	12	¥1,200.00	¥14,400.00	2米×1.5米
车体	12	¥1,200.00	¥14,400.00	整个车身
总计			¥28,800.00	

图8-43　其他工作表

（二）制作费用总和表格

各项费用支出的明细不在同一张工作表上，为了便于查看，可以将各项费用支出情况整合到一张工作表中，并计算出总计费用和各项费用的占比。具体操作如下。

制作费用总和表格

（1）新建"费用总和"工作表，并将其移至"电视"工作表前，然后在该工作表中输入基本数据并设置边框。

（2）选择B2单元格，输入公式"=电视!B4"，然后按【Enter】键，引用"电视"工作表B4单元格中的费用数据，如图8-44所示。

（3）按照相同的方法引用其他广告媒介的费用数据，然后在E2单元格中输入公式"=SUM(B2:D2)"，计算出费用总和，如图8-45所示。

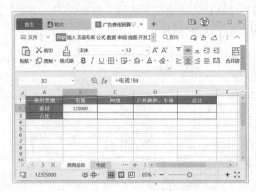

图 8-44　引用数据

图 8-45　计算费用总和

（4）选择B3单元格，在其中输入公式"=B2/$E$2"，然后将该公式向右填充至D3单元格，接着在E3单元格中输入公式"=SUM(B3:D3)"，按【Enter】键，效果如图8-46所示。

（5）设置B2:E2单元格区域的格式为"货币"类型，并保留2位小数，设置B3:E3单元格区域的数字格式为"百分比"，效果如图8-47所示。

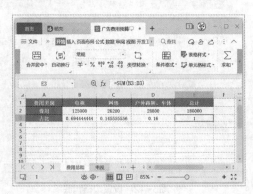

图 8-46　计算占比

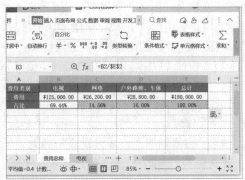

图 8-47　设置数字格式

（三）使用图表分析数据

微课视频

使用图表分析数据

为了直观展示数据，可以使用饼图分析各媒体广告费用预算占比。具体操作如下。

（1）同时选择B1:D1、B3:D3单元格区域，单击"插入"选项卡中的"插入饼图或圆环图"按钮，在弹出的下拉列表中选择"三维饼图"栏中的"三维饼图"选项，如图8-48所示。

（2）将图表移至数据区域的下方，调整图表的大小，然后将图表标题修改为"广告费用预算占比"。

（3）选择任意一个数据系列，单击鼠标右键，在弹出的快捷菜单中单击"填充"按钮，在打开的"颜色"面板中选择"红色"选项，然后使用同样的方法设置其他数据系列的填充颜色及图表的填充颜色，效果如图8-49所示。

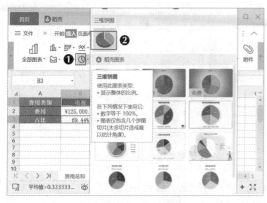

图 8-48　插入饼图

图 8-49　设置图表填充颜色

（4）选择任意一个数据系列，单击鼠标右键，在弹出的快捷菜单中选择"添加数据标签"命令，然后在数据标签上单击鼠标右键，在弹出的快捷菜单中选择"设置数据标签格式"命令，如图8-50所示。

（5）打开"属性"任务窗格，在"标签选项"选项卡中单击"标签"按钮 ，在"标签位置"栏中单击选中"数据标签外"单选项，在"数字"栏中的"类别"下拉列表框中选择"百分比"选项，如图8-51所示。

图 8-50　选择"设置数据标签格式"命令

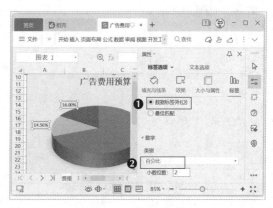

图 8-51　设置标签样式

（四）将表格分享给他人

表格制作完成后，可以通过QQ、微信等方式将其发送给他人进行审阅。具体操作如下。

（1）在计算机中登录QQ，打开与他人的聊天窗口。单击"发送文件"按钮，在弹出的下拉列表中选择"发送文件"选项，如图8-52所示。

（2）打开"打开"对话框，找到文件位置，选择需要发送的文件，单击 打开(O) 按钮，如图8-53所示。

微课视频
将表格分享给他人

图 8-52　选择"发送文件"选项

图 8-53　选择文件

（3）选择的文件将显示在聊天窗口中，然后单击 发送(S) 按钮，即可发送文件。

（4）当他人接收文件后，聊天窗口的空白区域将显示文件接收成功的提示信息，如图8-54所示。

（5）当他人将修改意见发送过来后，在"传送文件"窗格中单击"另存为"超链接，如图8-55所示，在打开的"另存为"对话框中选择文件的保存位置后，单击 保存(S) 按钮，即可开始接收文件。

图 8-54　对方接收文件成功提示

图 8-55　接收文件

任务三　制作"公益广告策划方案"演示文稿

将文档与费用资料整理完毕之后，就可以使用WPS演示制作公益广告策划方案的演示文稿，从而更直观地展示策划方案。本例的参考效果如图8-56所示。

素材所在位置　素材文件＼项目八＼公益广告策划方案.wps、背景图片.png、图片1.jpg、图片2.png

效果所在位置　效果文件＼项目八＼公益广告策划方案.dps、公益广告策划方案.pdf

图8-56　"公益广告策划方案"演示文稿

一、任务描述

（一）任务背景

在任务一中已经制作好了"公益广告策划方案"文档，但文档的字数较多，读者阅读时会感到枯燥，且不容易找到重点。因此需要把文档制作成演示文稿，将静态文件进行动态展现，使策划方案更加生动，给人留下深刻的印象。

（二）任务目标

（1）能够将WPS文档内容导入演示文稿中。
（2）能够设计幻灯片母版。
（3）能够为幻灯片添加切换效果和动画效果。
（4）能够放映和输出演示文稿。

二、任务实施

（一）将 WPS 文档内容导入演示文稿中

在制作演示文稿时，可直接将WPS文档内容导入演示文稿中，这样既能减少错误的发生，又能提高工作效率。具体操作如下。

微课视频
将WPS文档内容
导入演示文稿中

（1）新建并保存"公益广告策划方案.dps"演示文稿，然后在"大纲/幻灯片"导航窗格中单击"大纲"按钮，如图8-57所示。

（2）进入大纲视图。打开"公益广告策划方案.wps"文档，按【Ctrl+A】组合键全选文本，再按【Ctrl+C】组合键复制文本内容。

（3）返回"公益广告策划方案.dps"演示文稿，将文本插入点定位到第一张幻灯片右侧的"空白演示 单击输入您的封面副标题"文本前，然后按【Ctrl+V】组合键，粘贴复制的文本内容，如图8-58所示。

图 8-57　单击"大纲"按钮

图 8-58　粘贴复制的文本内容

（4）选择"关爱空巢老人公益广告策划方案"文本，按【Ctrl+X】组合键，剪切文本，然后将文本插入点定位到第1张幻灯片右侧，再按【Ctrl+V】组合键，粘贴文本，如图8-59所示。

（5）将文本插入点定位到"目录"文本前，按【Enter】键新建一张幻灯片，然后使用相同的方法按标题级别新建其他幻灯片，如图8-60所示。接着按【Backspace】键删除"大纲/幻灯片"导航窗格中的空白行和不需要的内容。

图 8-59　剪切并粘贴文本

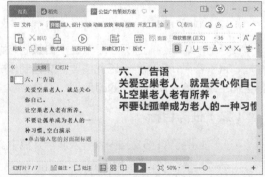

图 8-60　新建幻灯片

（6）将文本插入点定位到"一、前言"文本前，按【Tab】键，使其下降一个级别。

（二）设计幻灯片母版

为了快速制作出有吸引力的演示文稿，需要统一设置幻灯片的背景、字体、字号及颜色等。具体操作如下。

微课视频

设计幻灯片母版

（1）单击"视图"选项卡中的"幻灯片母版"按钮圖，进入幻灯片母版视图。

（2）在"大纲/幻灯片"导航窗格中选择第1张幻灯片，单击"幻灯片母版"选项卡中的"背景"按钮，打开"对象属性"任务窗格。

（3）在"填充"栏中单击选中"图片或纹理填充"单选项，然后在"图片填充"下拉列表框中选择"本地文件"选项，如图8-61所示。

（4）打开"选择纹理"对话框，找到素材文件的保存位置后，在下方的列表框中选择"背景图片"选项，然后单击 打开(Q) 按钮，如图8-62所示。

图 8-61　设置填充背景

图 8-62　选择图片

（5）关闭"对象属性"任务窗格。单击"插入"选项卡中的"形状"按钮，在弹出的下拉列表中选择"矩形"栏中的"矩形"选项，如图8-63所示。

（6）绘制矩形，调整矩形的大小，使其稍小于背景图，并在"绘图工具"选项卡中设置填充颜色为"白色，背景1"，轮廓为"无边框颜色"，如图8-64所示。

图 8-63　选择形状

图 8-64　设置形状

（7）保持形状的选择状态，右击，在弹出的快捷菜单中选择"置于底层"命令，如图8-65所示。

（8）单击"幻灯片母版"选项卡中的"关闭"按钮，退出幻灯片母版视图，如图8-66所示。

图 8-65　设置叠放顺序　　　　　　　　图 8-66　退出幻灯片母版视图

（三）添加和设置幻灯片内容

在导入WPS文档内容时，只导入了文字，并没有对文字格式进行设置，下面将添加和设置幻灯片内容。具体操作如下。

微课视频

添加和设置幻灯片内容

（1）选择第1张幻灯片，单击"插入"选项卡中的"图片"按钮，在弹出的下拉列表中选择"本地图片"选项，如图8-67所示。

（2）打开"插入图片"对话框，再次插入"背景图片"图片，然后调整图片大小，使其与幻灯片页面大小一致，并置于底层。

（3）选择"关爱空巢老人公益广告策划方案"文本，设置字体为"方正兰亭中粗黑简体"，字号为"72"，字体颜色为"白色，背景1"。

（4）选择副标题占位符，输入"演讲者：米拉"文本，设置字体为"方正艺黑简体"，字号为"32"，字体颜色为"橙色，着色4，淡色60%"，然后将文本移至页面右侧，如图8-68所示。

图 8-67　插入图片　　　　　　　　图 8-68　设置字体

（5）选择第2张幻灯片，再次插入"背景图片"图片，然后单击"图片工具"选项卡中的"裁剪"按钮，裁去图片右侧多余的部分，然后将其移至页面右侧。使用相同的方法裁剪图片用于填补左侧的空白区域，最后将剪裁的图片置于底层，如图8-69所示。

（6）复制第2张幻灯片，将其作为第3张幻灯片，选择第2张幻灯片，删除与前言相关的文本、小标题及所有页码，接着设置目录页的内容，如图8-70所示。

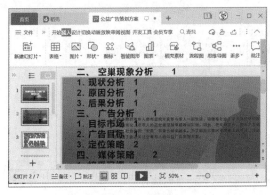

图 8-69　裁剪图片

图 8-70　设置目录页

（7）选择第3张幻灯片，删除其中与目录相关的文本，然后设置前言页内容。

（8）在前言页的下方插入一张新幻灯片，然后插入"图片1"和"图片2"，调整其大小和位置，并设置标题文本格式，如图8-71所示。

（9）选择第5张幻灯片，单击"插入"选项卡中的"智能图形"按钮 ，在弹出的下拉列表中选择"水平项目符号列表"选项，如图8-72所示。

知识补充　　　　　　　　　　　　　　　　添加智能图形项目

　　如果添加的智能图形项目过少，不能展示全部内容，可单击"设计"选项卡中的"添加项目"按钮 ，在弹出的下拉列表中选择需要的选项即可。

图 8-71　标题页效果

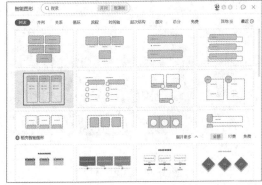

图 8-72　选择智能图形

（10）将相关文本内容输入对应的形状内，然后选择智能图形，单击"设计"选项卡中的"更改颜色"按钮 ，在弹出的下拉列表中选择"着色4"栏中的第二个选项，更改智能图形的颜色，如图8-73所示。

（11）在第5张幻灯片下方复制标题页的幻灯片，然后更改标题文本，并按照相同的方法设置其他页的幻灯片。

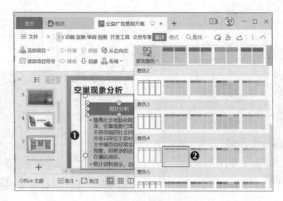

图 8-73　设置智能图形

（四）为幻灯片添加切换效果、动画效果和超链接

给幻灯片及幻灯片中的各个对象添加动画效果能够给人留下深刻的印象。具体操作如下。

微课视频

为幻灯片添加动画
效果和超链接

（1）选择第1张幻灯片，在"切换"选项卡中的切换效果列表框中选择"轮辐"选项，然后单击"效果选项"按钮※，在弹出的下拉列表中选择"4根"选项，然后在"声音"下拉列表框中选择"风铃"选项，最后单击"应用到全部"按钮▷，为所有幻灯片应用相同的幻灯片切换效果，如图8-74所示。

（2）选择"关爱空巢老人公益广告策划方案"文本的文本框，在"动画"选项卡中的动画列表框中选择"菱形"选项。在"开始播放"下拉列表框中选择"在上一动画之后"选项，在"持续时间"数值框中输入"01.00"，如图8-75所示。

图 8-74　设置切换效果

图 8-75　设置动画效果

（3）选择第1张幻灯片中的副标题占位符，为其添加"擦除"动画，然后单击"动画"选项卡中的"动画属性"按钮☆，在弹出的下拉列表中选择"自左侧"选项，在"开始播放"下拉列表框中选择"在上一动画之后"选项，在"持续时间"数值框中输入"00.75"，如图8-76所示。

（4）选择第11张幻灯片中的文本框，为其添加"随机线条"动画，单击"动画"选项卡中的"文本属性"按钮，在弹出的下拉列表中选择"按段落播放"选项，使文本按照段落依次播放，然后设置动画的开始时间和持续时间，如图8-77所示。

（5）使用相同的方法为其他幻灯片中的对象添加动画效果。

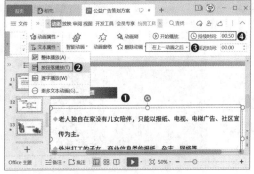

图 8-76　设置动画属性　　　　　　图 8-77　设置文本属性

（6）选择第2张幻灯片中的"空巢现象分析"文本，右击，在弹出的快捷菜单中选择"超链接"命令，打开"插入超链接"对话框，在对话框左侧单击"本文档中的位置"选项卡，在"请选择文档中的位置"列表框中选择"幻灯片4"选项，单击 确定 按钮，如图8-78所示。

（7）返回幻灯片后，使用相同的方法为目录页中的其他目录文本创建超链接。

知识补充　　　　　　　　　　　　创建超链接

为文本创建超链接时需要全选文本，如果只是将文本插入点定位到需要创建超链接的文本中，那么创建超链接的对象只是其中的部分文本。

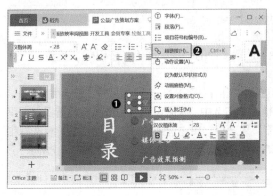

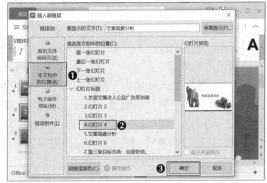

图 8-78　创建超链接

（五）放映和输出演示文稿

演示文稿制作并编辑完成后，即可放映和输出演示文稿。具体操作如下。

（1）单击"放映"选项卡中的"排练计时"按钮 ，如图8-79所示，进入演示文稿的计时状态。

（2）当所有幻灯片都放映结束后，系统将弹出"WPS演示"对话框，单击 是(Y) 按钮保存排练计时，如图8-80所示。

微课视频

放映和导出演示文稿

（3）单击"放映"选项卡中的"放映设置"按钮 ，打开"设置放映方式"对话框，在"放映类型"栏中单击选中"演讲者放映（全屏幕XP）"单选项，在"放映选项"栏中单击选中"循环放映，按ESC键终止"复选框，在"放映幻灯片"栏中单击选中"全部"单选项，在"换片方式"栏中单击选中"如果存在排练时间，则使用它"单选项，然后单击 确定 按钮，如图8-81所示。

图 8-79 单击"排练计时"按钮

图 8-80 保存排练计时

图 8-81 设置放映方式

（4）设置完成后，按【F5】键或单击"放映"选项卡中的"从头开始"按钮 □，检查是否存在遗漏设置的地方。

（5）单击 ≡ 文件 按钮，在弹出的下拉列表中选择"输出为PDF"选项，打开"输出为PDF"对话框。单击"设置"超链接，打开"设置"对话框，单击选中"权限设置"复选框，设置权限密码为"123456"，取消选中"允许修改""允许复制"复选框，单击选中"允许添加批注"复选框和"不允许打印"单选项，设置文件打开密码为"456789"，最后单击 确定 按钮，如图8-82所示。

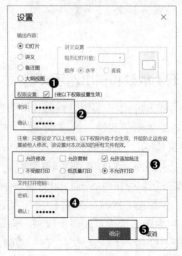

图 8-82 输出设置

（6）返回"输出为PDF"对话框后，设置PDF文件的保存位置，单击 开始编辑 按钮输出文件。

 实训一 制作"公益广告宣传海报"文档

【实训要求】

不管是进行产品宣传、企业宣传，还是广告宣传，海报都是一种必不可少的宣传方式。海报的内容要简明扼要，排版要新颖美观，视觉冲击力要强，这样才能吸引更多受众的目光。本例制作后的效果如图8-83所示。

素材所在位置 素材文件\项目八\实训一\老人.jpeg

效果所在位置 效果文件\项目八\实训一\公益广告宣传海报.wps

图8-83 "公益广告宣传海报"文档

【实训思路】

在制作公益广告宣传海报时，无论是从语言、配色，还是图片选择上，都要能引起阅读者的共鸣，这样才能更快拉近公益广告与阅读者的距离。

【步骤提示】

要完成本实训，需要运用到图片、形状、文本框等对象。具体操作步骤如下。

（1）新建文档，在稻壳图片中搜索关键字"路"，并将搜索到的图片插入文档，设置图片环绕方式，设置图片颜色为"冲蚀"，调整图片大小和位置。

（2）插入计算机中的"老人.jpeg"图片，抠除图片背景，并将图片调整到合适大小和位置。

（3）在插入的文本框中输入文本，设置文字方向和文本格式。

（4）绘制一个心形形状，设置形状的填充颜色和轮廓，然后调整形状叠放顺序。

实训二　制作"管理培训"演示文稿

【实训要求】

管理培训是指企业对员工进行有目的、有计划的培养和训练的管理活动。管理培训不仅可以帮助员工更好地开展业务，还能为员工提供新的工作思路、知识及技能。本例制作后的效果如图8-84所示。

> **素材所在位置**　素材文件＼项目八＼实训二＼图片.jpg
> **效果所在位置**　效果文件＼项目八＼实训二＼管理培训.dps

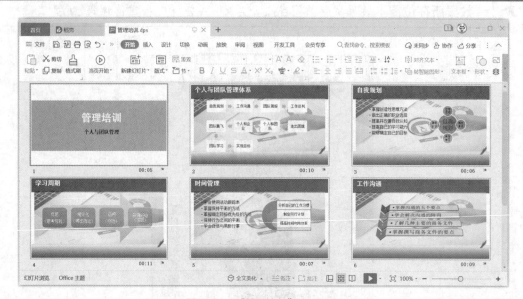

图8-84　"管理培训"演示文稿

【实训思路】

本实训将制作个人与团队管理方面的培训演示文稿。制作演示文稿前，需要确定演示文稿的整体颜色搭配，然后根据要求设计幻灯片母版。制作演示文稿时，需要对培训的内容进行划分，以明确各个环节的主旨。演示文稿制作完成后，还需要对其进行放映，以确保演示文稿在培训当天能够流畅播放。

【步骤提示】

要完成本实训，需要用到设计幻灯片母版、插入形状和智能图形、放映幻灯片等知识。步骤具体如下。

（1）新建"管理培训.dps"演示文稿，进入母版视图。

（2）在第1张幻灯片的上方和底部分别绘制一个矩形，并设置填充方式。

（3）在第1张幻灯片的中间空白区域绘制一个矩形，用"图片.jpg"填充矩形，透明度为"50%"。

（4）在第2张幻灯片中绘制纯色矩形，调整矩形的宽度与幻灯片页面的宽度保持一致，然后退出幻灯片母版视图。

（5）设计幻灯片的文本内容，并为制作好的幻灯片添加切换效果和动画效果。

（6）设置幻灯片的放映类型、放映选项和放映方式，从头开始播放幻灯片，以确保幻灯片能够流畅播放。

课后练习

本项目主要介绍了文档的制作与编辑方法、表格的制作与编辑方法、演示文稿的制作与编辑方法。多加练习，用户能够提升日常办公的工作效率。

练习1：制作"垃圾分类主题教育活动"演示文稿

本练习将运用设计幻灯片母版、插入图片等知识点制作"垃圾分类主题教育活动"演示文稿。参考效果如图8-85所示。

素材所在位置 素材文件\项目八\练习一\垃圾分类图片\

效果所在位置 效果文件\项目八\练习一\垃圾分类主题教育活动 .dps

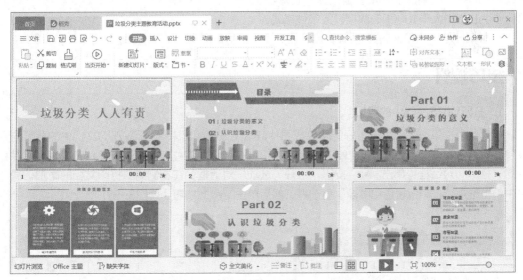

图8-85 "垃圾分类主题教育活动"演示文稿

操作要求如下。

- 新建"垃圾分类主题教育活动.dps"演示文稿，进入幻灯片母版视图，插入"图片1.png"并设置图片叠放顺序。
- 退出母版视图，新建多张幻灯片，并在各张幻灯片中添加相应的内容。
- 内容页编辑完成后，添加适合的切换效果和动画效果。
- 从头开始放映幻灯片，确保幻灯片能够流畅播放。

练习2：制作"固定资产管理表"表格

本练习将制作"固定资产管理表"表格，参考效果如图8-86所示。

素材所在位置 素材文件\项目八\练习二\固定资产管理表 .txt

效果所在位置 效果文件\项目八\练习二\固定资产管理表 .et

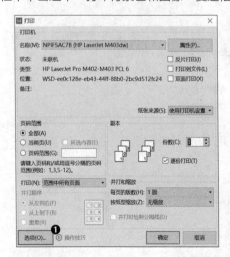

图8-86 "固定资产管理表"表格

操作要求如下。

- 新建"固定资产管理表.slsx"表格，在表格中输入相关内容并设置单元格的格式，包括调整列宽和行高、合并单元格等。
- 为D列、E列和F列中的数据设置数据有效性。
- 为H列中大于10000的数据设置条件格式。
- 根据H列、I列和J列的数据计算出各固定资产的月折旧额。

技巧提升

1. 打印WPS文档中的背景

在默认条件下，文档中设置好的颜色或图片背景无法打印出来。打印WPS文档中的背景的方法是：打开任意一个WPS文档，单击 ☰ 文件 按钮，在弹出的下拉列表中选择"打印"选项，在打开的"打印"对话框中单击 选项(O)... 按钮，打开"选项"对话框，在右侧的"打印文档的附加信息"栏中单击选中"打印背景色和图像"复选框，然后单击 确定 按钮，如图8-87所示。

图8-87 打印 WPS 文档中的背景

2. 删除图像背景

在WPS文档中插入图片后，若需要删除图像背景，可通过"设置透明色"按钮实现。删除图像背景的方法是：在文档中选择要设置的图片，然后单击"图片工具"选项卡中的"设置透明色"

按钮<img_1 inline />，进入"背景消除"编辑状态，单击所选图片的背景，如图8-88所示。

图 8-88　删除图像背景

3．添加参考线

在WPS演示中，参考线由初始状态下位于标尺刻度"0"位置的横、纵两条虚线组成，可以帮助用户快速对齐页面中的图形和文字等对象，使幻灯片的版面更加整齐美观。添加参考线的方法为：在WPS演示中单击"视图"选项卡中的"网格和参考线"按钮🞂，打开"网格线和参考线"对话框，在其中单击选中"参考线设置"栏中的3个复选框，然后单击 确定 按钮，如图8-89所示。

图 8-89　添加参考线

4．通过QQ邀请好友一起编辑文档

在与他人一起制作同一份文档时，如果每完成一步就要传送给对方检查，不仅不利于文件的保存，而且会导致工作效率低下。此时可将文档上传至腾讯文档中，与他人一起编辑。通过QQ邀请好友一起编辑文档的方法是：在计算机端登录QQ，单击"消息"界面下方的"腾讯文档"按钮🗎，打开"腾讯文档"网页，单击 ＋ 新建 按钮，在弹出的下拉列表中选择新建文档的类型，系统将自动进入与之对应的操作界面，如图8-90所示。进入操作界面后，单击"邀请他人一起协作"按钮 ♙+，在打开的任务窗格中单击 邀请好友一起协作 按钮，打开"选择协作人"对话框，在其中选择协作人并设置操作权限，单击 确定 按钮，如图8-91所示。

 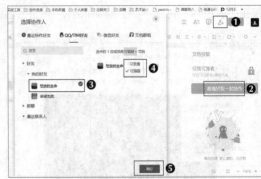

图 8-90　新建文档　　　　　　　　图 8-91　邀请他人共同编辑文档

5. 将文档上传至工作QQ群

若要在工作 QQ 群中上传公司的重要通知，又怕回复的消息将文件顶上去，则可将文档上传至群文件。将文档上传至工作 QQ 群的方法为：进入工作 QQ 群的聊天界面，单击"文件"超链接，在打开的界面中单击 ＋上传 按钮，在"打开"的对话框中选择需要上传的文档，单击 打开(O) ▼ 按钮，如图 8-92 所示。

 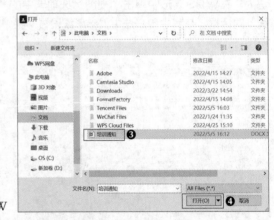

图 8-92　将文档上传至工作 QQ 群